KB006377

길 위의
수학자

The Education of T. C. Mits:
What Modern Mathematics Means to You
by Lillian R. Lieber and Hugh Gray Lieber

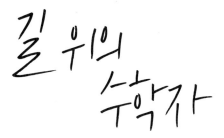

길 위의 수학자

보통 사람들에게 수학을!
복잡한 세상을 푸는
수학적 사고법

릴리언 R. 리버 글 · 휴 그레이 리버 그림
김소정 옮김

궁리
KungRee

보통 씨에게 수학을

들어가는 글

이 책에 실린 글들은 분명히,
자유시가 아니야.
굳이 행을 나눈 건
누구나 쉽게 읽고 이해하라고 그런 거야.
왜냐고?
요즘 사람들은
모두 바쁘니까!

우리의 영웅 보통 씨는 누구인가?

우리의 영웅,

보	누	바	거	아	유	사
통	구	로	리	주	명	람
씨	냐		에		한	이
가	고?		서			지

보통 씨는 태어났고,
어떤 교육을 받았어.
그건 대학 교육이었을 텐데,
아마 그 대학 이름은 '고난의 대학'이었을 거야.
아무튼
보통 씨는 이 세상을 '아주 잘 헤쳐나가는 법'을
찾으려고 최선을 다했어.
그리고 수없이 많은
상반된 정보를 수집했지.

"과거는 고리타분하니까,
반드시 앞으로 나가야 한다."
"과거는 근사한 것이고
변덕스러운 최신 유행은
타락의 상징이다."

"과학은 미신에 빠지지 않고,
사기를 당하지 않게 해준다."
"과학은 사람의 발명품 가운데
가장 성가신 것이다."

"5천만 명이 틀렸을 리가 없다."
"항상 틀리는 인종도 있다."

"실용적이어야 하고, 소명 의식을 깨달아야 하고,
수학이나 예술 따위를 하느라
시간을 낭비하면 안 된다."

"어째서 편협하고 현실밖에 모르는 농부로
평생을 살려고 하는가?
밖으로 나가서 여러 이론을 배우고
지금보다 나은 방식으로 살아갈 수 있는
방법을 찾아라."

그러니까 이런 정보들을 말이야.

이런 중구난방인 정보들 때문에 보통 씨는
당연히 당혹스러웠어.
보통 씨는 어떻게 해야 할지 도무지 알 수가 없었어.
보통 씨는 이름만
보통 씨가 아니라
손가락에도 보통 씨가 생겼고
발가락에도 보통 씨가 생겼고
결국 뇌도
보통 씨가 되고 말았어.

이 책은 보통 씨가 처한 곤경을
높은 곳에서
내려다보면서
보통 씨가 빠져나갈

출구를 찾아주려는 시도야.

반드시
목적을 달성하려고
그림을 활용할 수 있을 때는
그림을 활용했고,
정확하게
목적을 달성하려고
사람이 발명한
가장 명확한 언어인
수학을 사용했어.

아, 우리도 당신이 수학을
좋아하지 않는 건 알아.
하지만
약속할게. 수학을
고문 기구로는 사용하지 않겠다고 말이야.
수학을 활용한 이유는 앞에서 언급했던,
상반되는 여러 조언들이 담고 있을지도 모를
어떤 태도들과, 더불어
다음과 같은 개념들을 알려주기 위해서야.

민주주의
자유와 방종
오만과 편견
성공
고립주의
준비성
전통

진보
이상주의
상식
사람의 본성
전쟁
자기 신뢰
겸손
관용
편협함
무정부 상태
충성심
추상미술
같은 개념들을 말이야.

가끔은 '명심해야 할' 내용을
언급할 테지만
절대로 독자를 가르치려거나
설교할 생각은 없으니까
걱정하지 마.

사실 우리는
우리에게 말하는 거야.
왜냐하면 바로 우리가, 수백만 다른 사람과 함께
보통 씨이기 때문이지.

차례

2부 새로운 수학

1부

＊

오래된 수학

5천만 명은 틀릴 수 없다

아주 간단한 문제로
시작해볼까?

당신은 다음 두 직장 가운데
한 곳을 선택해서 갈 수 있어.

1번 직장 : 입사할 때 받는 연봉
　　　　　 1000달러
　　　　　 해마다 200달러씩 인상

2번 직장 : 입사할 때 받는 반연봉
　　　　　 500달러
　　　　　 6개월마다 50달러씩 인상

두 직장 모두
다른 조건은 동일해.

(1년 뒤에는)
어떤 직장이 더 유리할까?
신중하게 생각하고
한 직장을 선택해봐.
이 책장을 넘기기 전에 말이야.

1번 직장을 택한 사람은
다음과 같이 생각했으니까 그랬을 거야.
2번 직장은 6개월마다 50달러를 인상하니까
1년에 100달러 오르잖아.
하지만 1번 직장은
1년에 200달러 오르는 걸.
그러니까 2번 직장을 택하면 손해를 볼 거야.

하지만, 절대 그렇지 않아.
직접 숫자를 써가면서
수입을 꼼꼼히 따져보자고.

		전반기 6개월	후반기 6개월	1년 총 수입
1년 차	1번 직장	500달러	500달러	1000달러
	2번 직장	500달러	550달러	1050달러
2년 차	1번 직장	600달러	600달러	1200달러
	2번 직장	600달러	650달러	1250달러
3년 차	1번 직장	700달러	700달러	1400달러
	2번 직장	700달러	750달러	1450달러
4년 차	1번 직장	800달러	800달러	1600달러
	2번 직장	800달러	850달러	1650달러

이런 식으로 계속되지.

생각해봐.
① 1번 직장은 해마다
200달러씩 더 받아.
② 2번 직장은 6개월마다
그전 6개월보다

50달러씩 더 받지.
처음에 계약한 대로
월급을 받는다면
결국에는
2번 직장이 1번 직장보다
해마다 50달러씩 더 벌 거야.
이제는 몇 년이 흘러도
그 사실은 변하지 않는다는 걸
쉽게
알 수 있겠지?

아마 놀랐을걸.
하지만 낙담하지는 말자고.
우리에게는
좋은 친구들이 아주 많잖아.
그 친구들에게 이 문제를 풀어보게 하는 거야.
이 문제를 처음 보는
친구들은
분명히 당신과 똑같은 실수를
할 거야. 그러니까
5천만 명도 실수를 **할 수** 있는 거야!
그리고 그건 전적으로 당연한 거야.
하지만 그렇다고 제발
민주주의는 쓸모가 없다는
결론을 내리면 안 돼.
왜냐하면 5천만 명이 반드시
틀려야 하는 건 아니니까!
사람들이 틀리는 이유는
앞에 나온 직장 선택 문제에서 당신이 그랬던 것처럼

너무 빨리
성급하게 결론을 내리기 때문이야.
그러니까 또다시
같은 실수는 하지 말자고.
민주주의에 대해
성급하게 결론을 내리지는 말라는 거야.
민주주의는 다음에
다시 말할 기회가 있을 거야.

어쨌거나 기억해야 하는 건
이거야.
"누구나 가끔은 바보가 될 때가 있다.
하지만 모든 **사람이 언제나** 바보가 되는 건 아니다!"

당신도 그런 사람들 가운데
한 명이잖아. 그러니까
되도록 바보가 되고 싶지 않다면
논리적으로 생각할 수 있게
준비를 해야 해.
아, 그런데
아무 노력도 하지 않고
논리적으로 생각할 수 있다고 생각하는
바보도 되면 안 돼.
이 책은 논리적으로 생각하기라는 목표를
좀 더 쉽게 달성할 수 있게 도와줄 거야.

명심할 것! 성급하게 결론을
　　　　　내리면 안 돼!

천장에 부딪치지는 말자고!

또 다른 문제를 풀어보자.

이번에는 좀 더 고민을 해야 해.

지금 당신에게

두께가 0.00762센티미터인

종이 냅킨이 있다고 하자.

그리고 두께가 같은 냅킨을 그 냅킨에 겹치는 거지.

이제 두 냅킨의 두께는

$0.00762 \times 2 = 0.01524$cm,

즉 10만 분의 1524센티미터가 되었어.

다시 냅킨 두 개를 더 올려보자.

전체 두께는 냅킨 네 개의 두께인

$0.00762 \times 4 = 0.03048$cm,

즉 10만 분의 3048센티미터가 되었지.

이런 식으로

냅킨의 수를 두 배씩 늘리는 거야.

즉,

처음에는 한 장

두 번째는 두 장

세 번째는 넉 장

네 번째는 여덟 장

다섯 번째는 열여섯 장

이런 식으로 말이야.

언제까지
두 배로 늘리는가 하면,
서른두 번째까지 하는 거야.
그런 다음에 문제를 풀어보자.
냅킨을 서른두 번 겹치면 전체 냅킨의 두께는 몇 센티미터
일까?
정답은, 음, 30.48센티미터?
아니면 평범한 방의
바닥부터 천장까지의 높이?
아니면 엠파이어스테이트 빌딩의 높이?
도대체 몇 센티미터가 답일까?
굳이 위에서 말한 대답 가운데 하나를
고를 필요는 없어.
정말로, 답은 몇 센티미터일까?
책장을 넘기기 **전에** 대답해야 해.

이번에도 좀 더 분명하게
표를 만들어서 확인해볼까?

	냅킨의 수	냅킨의 두께
첫 번째	1장	0.00762cm
두 번째	2장	0.01524cm
세 번째	4장	0.03048cm
네 번째	8장	0.06096cm
다섯 번째	16장	0.12192cm
여섯 번째	32장	0.24384cm
일곱 번째	64장	0.48768cm
여덟 번째	128장	0.97536cm
아홉 번째	256장	1.95072cm
열 번째	512장	3.90144cm
열한 번째	1024장	7.80288cm
열두 번째	2048장	15.60576cm
열세 번째	4096장	31.21152cm
열네 번째	8192장	62.42304cm
열다섯 번째	16384장	124.84608cm
열여섯 번째	32768장	249.69216cm
열일곱 번째	65536장	499.38432cm
열여덟 번째	131072장	998.76864cm
열아홉 번째	262144장	1997.53728cm
스무 번째	524288장	3995.07456cm
스물한 번째	1048576장	7990.14912cm
스물두 번째	2097152장	15980.29824cm
스물세 번째	4194304장	31960.59648cm
스물네 번째	8388608장	63921.19296cm
스물다섯 번째	16777216장	127842.38592cm
스물여섯 번째	33554432장	255684.77184cm
스물일곱 번째	67108864장	511369.54368cm
스물여덟 번째	134217728장	1022739.08736cm
스물아홉 번째	268435456장	2045478.17472cm
서른 번째	536870912장	4090956.34944cm
서른한 번째	1073741824장	8181912.69888cm
서른두 번째	2147483648장	16363825.39776cm

그러니까
서른두 번 겹쳤을 때 냅킨의 두께는
1636만 3825.39776센티미터인 거야.
피트로 하면
53만 6871피트인 거지.
아, 혹시
킬로미터로 대답하고
싶은 사람이 있을지도 모르겠군.
킬로미터로 나타내려면 센티미터로 나온 답을
100000으로 나누면 돼.
1킬로미터는 100000센티미터니까.
따라서 냅킨의 총 두께는
거의 163.64킬로미터인 거야.
1.6킬로미터가 도시 구역을
스무 개쯤 지나는 거리거든.
냅킨이 163.64킬로미터 높이라니,
상상이 돼?

이번에도 깜짝 놀랐다고?
혹시 '감'으로 찍었거나
냅킨을 직접 쌓아본 건
아니겠지?
혹시 우리처럼 직접 계산한 사람도 있을까?

냅킨의 두께를 알아내는 방법은
여러 가지인데, 그 이야기를 조금 해보자고.

먼저, '감'에 대해 말하기 전에
두 가지를 분명히 하고 싶어.

① '감'으로 문제를 풀면 정답을 **맞힐 때도** 있지만
틀릴 때도 있다는 거야.
생각한 답이 맞는지 틀린지를 알아내는
유일한 방법은
감대로 **해본 다음에**
결과를 점검해보는 것뿐이야.

② 과학자와 수학자들도
'감'을 활용해.
그 사람들도 감으로
아주 멋진 생각을 할 때가 있어.
하지만 감으로 떠올린 생각을
믿을 수 있는 과학이라거나
수학이라고는 생각하지 않아.
자신들이 감으로 얻은 생각은 점검하고 또 점검해.

그게 바로 보통 씨와
과학자가 행동하는 방식에 존재하는
한 가지 본질적인 차이점이야.
보통 씨는 자기가 '감'이 좋다고
생각하면 말이지,
언제나 감에만 의지하려 할 거야.
하지만 말이야,
모든 '감'은 반드시
점검하고 또 점검해야 해.

이제 직접 실험해보는 방법을 생각해볼까?
직접 실험해보는 방법은
보통 아주 '실용적인' 방법이라고 알려져 있어.

"실제로 **해**보면
정답은 피할 수가 없다"라는 말이 있는데,
그래, 그럴 때가 많은 건 사실이야.
하지만 누구나 쉽게 알 수 있듯이
종이를 쌓는 것 같은 문제는
실제로 해보는 게 어려워.
도대체 냅킨을 어떻게
1만 6364킬로미터나 쌓을 거야?
실제로 쌓으려고 했다간
분명히 천장에
머리를 부딪치고 말 거야.
그러니까
질문에 담긴 문제를
검토해보기 전까지는
'실용적'이라고
쉽게 단정하면 안 돼.

마지막으로
계산하는 방법을 살펴보자고.
이 방법은, 앞에서 본 것처럼
이런 문제를 풀 때는 단연코 최적의 방법이지.
그러니까 직접 실험하는 건
실용적이고
수학은 **비실용적**인 방법이라고
성급하게 결론을 내리면 **안 되는 거야.**
그건 **가끔은** 맞지만
항상 맞는 말은 아니야.
혹시 계산은 지루해, 라고
생각한다면

이 말을 꼭 해주고 싶어.

첫째, 계산을 하는 건
최소한 냅킨을
쌓는 것보다는
덜 지루할 거야!

둘째, 계산을 하면 정답을
훨씬 빨리 알아낼 수 있어.
하지만 그러려면
수학을 조금 알아야 해!
다시 말해서,
수학의 한 분야인
대수를 알아야 하는 거야.
하지만 여기서는 대수가 무엇인지 설명하지 않을 거야.
이미 대수를 다룬 책들에
필요한 설명은 다 있으니까,
그런 책을 찾아봐.
사실
조금만 노력하면
많은 경우에 유용하게 적용할 수 있는
방법을 배울 수 있어.

운전하는 법을 배울 때도
수영을 배울 때도
노력을 해야 한다는 걸
잊지 마!
모든 일이 그렇잖아.
노력한 만큼 가치 있는 결과를 얻는 거야.

그러니까 화낼 이유가 전혀 없어.
어쨌거나
조금도 노력하지 않는다는 건
죽었다는 의미니까!

명심할 것! 깨어서 **살아가라**!
　　　　그리고 감을 따르고
　　　　그 감을 점검하라!

·03·

정답은, 아주 얇은 종이인가?

신중하게, 그리고
세심하게 생각해야 한다는
확신이 들었다면
이제는 다른 문제를 가지고
씨름할 준비가 된 거야.

지구의 적도에 꼭 맞게
둘려 있는
강철 띠가 있다고 생각해보자고.
이 띠를 벗겨서
한 지점을 자르고 그곳에
304.8센티미터짜리 강철 띠를
연결해 처음 강철 띠보다
304.8센티미터
더 긴 강철 띠를 만드는 거야.
그 띠를 다시 적도에 두르면
처음과 달리 띠는
느슨하게 놓이겠지?

우리가 풀어야 할 문제는 이거야.

강철 띠와 지구 사이에는
어느 정도의 공간이 생길까?
다음 보기 가운데 옳은 답이 있을까?

① 키가 183센티미터인 남자가 걸어도 될 만큼의 공간.
② 남자 어른이 무릎을 꿇고 기어갈 수 있을 만큼의 공간.
③ 아주 얇은 종이 한 장이 간신히 빠져나올 수 있는 공간.

답은 이 책장을 넘기기 전에 결정하자!

대부분 ③번을 정답이라고 했을 거야.
그 이유는 아마도 갑자기 그냥 ③번이 정답이라는
생각이 들었기 때문일 거야.
왜냐하면 수만 킬로미터가 넘는
강철 띠에 304.8센티미터를
더해 봐야
그다지
큰 변화는 없을 게
분명할 것 같으니까.
아니면 그냥 퍼뜩 떠오르는
'직감'을 무조건 믿으면
안 된다는 걸 배웠으니까
직접 계산을 했을지도 모르겠군.
이렇게 말이야.
"적도 둘레의 길이는
4만 233.6킬로미터란 말이야.
4만 233.6킬로미터를
304.8센티미터로 나누면
아주 작은 수가 나오기 때문에
나는 여전히
③번이 답이라고 생각해!"

하지만 문제에 나온 숫자를
가지고 그냥 산수 계산을 하는 건
진짜 '계산'이라고 할 수 없어.
도대체 무슨 근거로
두 수를 나눈 거지?
그래야 할 무슨 **이론적 근거가** 있는 거야?
조금만 더 신중하게 생각해보면

두 수를 나눌 이유가
전혀 없다는 걸
깨닫게 될 거야.
다시 말해서,
이론도, 계획도 없이
그저 문제에 나온
숫자를 가지고
산수를 했다는
이유로 나는 계산을 한 거야, 라고
믿으면 안 된다는 거야!

이제 이 문제를 진짜로 진지하게
고민해보자.
분별 있게 말이야.
모든 원의 원주(C)는
반지름(R)에 2π를 곱하면
구할 수 있다는 건
알고 있을 거야.
π는('파이'라고 발음하는데)
그리스어로
3과 1/7 사이에 있는
어떤 값을 나타내는 기호지.
원에서 원주는
C=2πR이라고
좀 더 간단하게
표현할 수 있어
원이 크건 작건 원주는
모두 2πR이야.

만약 원의 반지름을

x만큼 늘려서(다음 그림을 봐)

원의 반지름이 R＋x인

조금 더 큰 원을 만들면

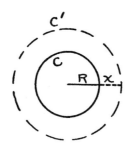

새로 만든 원의 원주는

어떻게 될까?

바로 C′＝2π(R＋x)가 될 거야.

이 공식을 풀어 쓰면

C′＝2πR＋2πx*가 되겠지.

처음 원의 원주

구하는 공식은

C＝2πR이었잖아.

두 원주를 비교해보면

두 번째 원의 원주는

처음 원의 원주인 2πR에 2πx를 더한 만큼

늘어났다는 걸 알 수 있지?

다시 말해서

* 5(2＋7)를 5×2＋5×7로

풀어서 쓸 수 있는 것과 같은 거지.

둘 다 답은 45야.

반지름이 x만큼 늘어나면

원주는 $2\pi x$만큼 늘어나.

6과 2/7에 x를 곱한 것만큼 늘어나는 거지.

그러니까

우리 문제에서는

원주가 304.8센티미터

늘었으니까

$6\frac{2}{7}x = 304.8\text{cm}$야.

이 식에서 x를 풀면

$x = 304.8 \div 6\frac{2}{7}$ 이므로

x는

약 48.49센티미터지.

다시 말해서

원주가 304.8센티미터

늘어나면

그 결과 원의 반지름은

48.49센티미터 늘어나는 거야.

그러니까

35쪽 문제의 답은

②번인 거지.

이제 기계처럼

무조건 계산을 하면

안 되는 이유를 알았지?

이제 이런 유형의 문제를

제대로 푸는 방법을

알았을 테니까

다음 문제도 풀어보자고.

지금 우리는 적도를 따라 쭉 걸어가는

긴 여행을 하고 있어.
(지구는 완벽한 원이라고
가정하는 거야!)
당신 키가 182.88센티미터라면
당신 머리는 당신 발보다
얼마나 더 멀리 갈까?
어쩌면 당신을 놀라게 한 건
산책을 하는 동안
당신의 머리가 당신의 발보다
더 멀리 갈 수 있다는
생각 자체일 수도 있겠군.
그런 생각은 '상식'에 어긋난다고
생각할지도 모르겠어.
하지만 아래 그림을 자세히 들여다보면
완전히 말이 되는 소리란 걸
분명히 알게 될 거야.
왜냐하면, 당신 발이
안쪽 원을 따라 도는 동안
당신 머리는 분명히
바깥쪽 점선을 따라 돌 테니까.

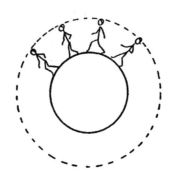

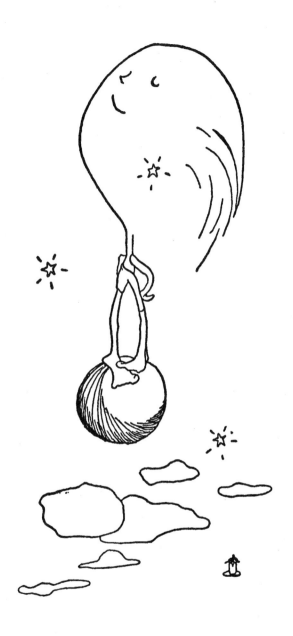

명심할 것! 당신 머리는 당신 발보다
더 멀리 갈 수 있다!

04

일반화

3장에 나온
원에 관한 공식이
'대수'라는 건
분명히 알았을 거야.
그리고 아마 문제를 풀면서
대수와 산수의 다른 점을
한 가지 알게 되었을 거야.
산수를 이용하면
한 번에 하나씩 특정한 문제를
풀 수 있지만
대수는 특정한 유형의
여러 문제에 적용할 수 있는
일반 규칙을 제공한다는 사실 말이야.
그러니까 밑변이 4센티미터이고
높이가 2센티미터인 사각형의 넓이는
두 수(4와 2)를 곱한 8센티미터라고 알아내는 건
바로 산수지.

하지만 만약
① A＝ab라고 쓰고
모든 사각형에서
A라는 면적을 구할 때는
반드시 높이 a와 밑변 b를

곱해야 한다고 말하면
그건 바로 **대수인 거야!**

다시 말해서
대수는 산수보다
더 **일반적**이야.
그런데 어쩌면 산수나 대수나
큰 차이가 없다고 말할지도 모르겠어.
산수에도 기본 규칙은
있으니까.
하지만 산수의 규칙은 앞에 나온 ①처럼
문자가 아니라 말로 표현해.
산수에서는 '사각형의 면적을
구하려면 밑변과 높이를
곱하라'라고 말하지만
대수에서는
A＝ab라고 표현하지.
그래봐야 문자를 쓰는 건
대단히 중요한 이유가 있는 게 아니라
그저 편리하게 쓰려고
긴 말을 줄인 거라고 생각할지도 모르겠군.

그런데 사실은 말이야,
기호로 나타내는 건
그저 편리하다는 정도가 아니야.
그건
아주아주 편리한
방법이라고.
특히 앞에 쓴 공식보다

훨씬훨씬 복잡한 공식을
나타낼 때는 정말 그렇지!
말로는 너무
복잡해서 도저히 표현하기
힘든 흥미로운 사실들이
아주 많다는 건
누구나
알고 있잖아.
더구나
공식을 다루는 법만
배우면
공식을 모를 때는
정말 힘들게 생각해야 하는
문제들도
거의 자동적으로
풀어낼 수 있다고.
일단 운전하는 법을 익히면
걷기에 비해
훨씬 노력을 들이지 않아도
쉽고도 즐겁게
'원하는 곳'으로 갈 수 있는 것과
마찬가지지.
그리고 수학을 더 많이 알면
그만큼 더 쉽게 살아갈 수 있어.
왜냐하면 수학은
맨손으로는
절대 할 수 없는 일들을
할 수 있게 해주는
도구니까.

수학은 우리의
뇌와 손과 발을 도와서
우리가 슈퍼맨이
될 수 있게 해준다고!

하지만 이런 말을 하는 사람도 있겠지.
"난 걷고 싶어.
차 타는 건 정말 싫어.
그리고 난 말하는 게 좋아.
추상적인 기호 따윈
전혀 쓰고 싶지 않아."
그런 사람에겐 이런 말을 해주고 싶어.
말하고 걷기는
마음껏 즐겨도 좋아.
하지만 정말 어려운 일을 할 때는
쓸 수 있는 도구를 모두
쓰는 게 좋아.
그렇지 않으면
절대로 그 일을
해낼 수 없을 테니까.

그리고 만약에
공학자가 되어
다리 같은 건축구조물을 세우고 싶다면
반드시 수학을 알아야 할 거야.
지금 얼마나 저축해야
나이가 들어 안락한 생활을 할 수 있는지
알고 싶다면
수학 공식을

활용해야 해.
돈을 빌리거나
할부로 물건을 살 때
실제로 내야 할 이자를
알고 싶다면
그때도 수학 공식을
활용해야 해.
그리고, 그런 수학 공식은
대수라는 걸 명심해!
산수만 가지고는
해결할 수 없는
문제들도 있다고!

알려는 노력을
조금만 하면
정말 도움이 되는
놀랍고도 유용한 공식이
많다는 사실을 알게 되면
정말 깜짝 놀랄 거야.

진짜로
이 세상을 곤란하게 하는 건
수학이 너무 많다는 게 아니라
수학이 아직 충분히 많지 않다는 거라고.
심리학이나 사회과학같이 중요한
학문에서 활용할
강력한 수학적 방법도
아직은 없단 말이야.
그 때문에 그런 학문에 종사하는 사람들은

아주 뛰어난 사람들도
문자 그대로 말해서
여전히 맨손을 쓰고
걷고(활공하는 게 아니라)
평범한 언어를 사용하고 있지.
아마도, 그런 분야에서는
그런 방법을 써도 재미가 **있을 거야**.
하지만
계속 규모가
커지고 발전하는
우리 전쟁에서는
그렇게 하면 안 돼.

분명히 이렇게 말하는 사람도 있겠지.
"그런데 전쟁광들은
수학을 이용해 **만든**
현대 장비를 **사용하잖아**.
히틀러가 성공한 건
순전히 과학 때문이라고.
그러니까 수학이
우리를 좋은 삶으로
이끌 리가 없어."
그런 사람들에게는
절대 그렇지 않다는 걸 알려주고 싶어.
과학과 수학은
홍수, 번개, 질병 같은
물리적 위험에서
우리를 보호해줄 뿐 아니라
대충 생각해서

잘못을 저지르는 걸
막아줄 사고 체계를
확립하는 데
도움을 줘.
따라서 수학과 과학은
모든 악
—토템 탑—을
진짜로 막을 수 있어.
신중하게
검토만 한다면 말이야.

명심할 것! 수학을 이용해
　　　마음을 효율적으로
　　　활용하자!

05

우리가 쌓은 토템 탑

잘 알고 있는 다섯 개
정다면체를 이용해
옆에 그려진 대로
토템 탑을
쌓아보자.
그리고 각 정다면체는
독립된 하나의 방이며,
각 방은 과학의 각각 다른 측면들을
반영한다고
생각해보자.
그리고 당신은 우리의 안내를 받으며
이 방들을 여행해보는 거지.

1층은 정육면체야.
이 방에는 자동차, 냉장고,
라디오, 비행기같이
아주 친숙하고,
그 수가 구골*에 달할 것처럼
많은 과학 장비가 있어.

* '구골'이란 아주 큰 수야. 정확히는 10의 100승,
즉 1 다음에 0이 100번 나오는 수지. 위대한 미국 수학자
에드워드 캐스너의 조카가 만든 용어야. 재미로 말이야.

이 방에는 당연히
탱크나 폭탄처럼
전쟁에서 쓰는 도구도
모두 들어 있지.
과학이 부도덕하다고 말하는 사람이 있는 건
바로 이런 도구들 때문이야.
과학은 똑같은 무심함으로
사람들이 좋아하는
평화로운 장난감과
무시무시한 파괴 도구를
만들어내니까.
과학을 부도덕하다고 말하는 사람들은
아마도 도구가 있는 방을 나가면
마법의 계단을 지나
다른 방으로 올라간다는 생각은 하지도 않을 거야.
그렇게 되면 우리가 쌓은 토템 탑에 있는
다른 방들에는 무엇이 있는지
절대로 알 수가 없겠지.

이제 두 번째 방인
정20면체로 올라가보자.
여기는 아주 거대한
산업 연구소야.
여기서 1층에서 본 도구들을
발명하고 시험하고 만들지.
2층에서 일하는 사람들은
광고를 하거나 물건을 팔지 않아.
이 사람들은 발명을 해.
이 사람들을 고용한 사람들은

이렇게 주문하지.
"우리는 더 밝은 빛을 원해.
더 싼 빛을 원하네.
더 매끄럽게 나가는 차를 원하고
비행기에 장착할 성능 좋은
서리 제거 장치를 원하네."
고용주들은 그 밖에도 더 많은 걸 원해.
이 방에서 연구하는 사람들은
절대로 흥미로운 문제를 찾아
마음이 배회하게 두지 않아.
이 사람들은 자신에게 주어진 임무를
자신에게 주어진 적절한 시간이나
그 밖에 다른 조건 아래서
반드시 풀어내야 할 의무가 있어.

이 방에는 오직 '실용적인' 사람들만
있을 수 있어.
감성적인 사람들은 견딜 수 없어.
왜냐하면 이 방에 있는 사람들은
언제라도 사람을 효율적으로 죽이는
방법을 찾으라는 요구를 받을 수 있거든.
그러니까 뛰어난 장거리포,
막강한 독가스, 거의 모든 사람을
죽일 수 있는 폭탄을
반드시 만들어내야 할
때도 있단 말이야.
저기, 혹시 우리가 위로 올라갈수록
더 도덕적인 사람들을
만날 수 있다고 말했다고 생각하는 건 아니지?

그런데 왜 2층이 1층보다
훨씬 더 위험해 보이는지
모르겠다고 말이야.
그러니까 2층을
파괴하면
1층에 있는
전쟁 용품은
구식이 되고 저절로
사라진다고 생각할지도 모르겠어.
2층에 있는 발명가들이
진짜 악마라고 생각할 수도 있을 거 같아.

하지만 지금은 일단 한 층 더 올라가서
정팔면체 방이
어떤 모습인지 살펴보기로 하자.
이곳에는 '순수' 과학을
연구하는 사람들이 있어.
이 사람들은 제조업자나
정부가 고용한 사람들이 아니야.
보통은 대학에서 근무하는
교수들로 자기가
흥미 있는 문제들을
직접 선택해서 연구해.
이 사람들은 자기 생각을
실용적인 데 쓰는 일에는
관심이 없어.
이 사람들은 이론적인 사람들이니까.
예를 들어 "설탕과 물과 레몬을 섞으면
어떤 일이 일어날까?" 같은 질문에

이 사람들은 '레모네이드가 생긴다'가 아니라
설탕이 가수분해됐다, 라고
대답할 거야.
용액에 들어가는
세 가지 물질의
상대적인 양을
달리해서 여러 가지 용액을 만들고
그 용액을 편광기로 관찰하는 거야.
며칠 동안, 몇 년 동안
세심하게 실험한 결과를 기록하고
그 결과를 과학 잡지에
발표할 거라고.

그런 식으로 연구를 하면
부자가 될까?
아니면 뚱뚱해질까?
혹시 '실용적인' 방법으로 이득을 얻지는 않느냐고?
아니, 천만의 말씀.
그럼 왜 연구를 하느냐고?
그 이유는 말이야,
그저 호기심에
이끌리기 때문이야.
가끔은 3층 사람들이
2층 사람들과 상의할 때도 있어.
하지만 자주 그러지는 않아.
대부분은 그저
연구해서 얻은 결과를 기록한 뒤에는
그 결과가 실용적으로
쓰이는지 그렇지 못하는지는 알지 못한 채

세상을 떠나지.
하지만, 장기적으로 보면
3층 사람들이 하는 연구를
아주 자주 2층 사람들이
가져다가 쓰는 거야.
실제로,
2층 사람들은 자신들이
반드시 '순수' 과학자들이
진행했던 연구를 계속해야
한다는 사실을 알아냈지.
그런데 사실 그런 일은
과거에는 '순수' 과학자들 일이었어.
순수과학 잡지에
현재 하는 연구를
발표하는 일이 아니라
기술 연구소에서
연구하는,
이미 출간된 교재를
진득하게 파들어가는 일 말이야.

그런데
2층과 3층에서
연구하는 사람들에게는
서로 공통점이
거의 없는 거 같아.
2층 사람들은 3층 사람들을
이렇게 생각하지.
'몽상가에 정신 빠진
대학 교수들이지.

아마 그중에는
미친 사람도 있을걸,
분명히.
충분히
확실하게 검증된
기존 이론을 가지고
연구하는 게 안전해.'
반면에
3층 거주자들은
2층 사람들을 우습게 여겨.
2층 사람들은 '돈만 주면 뭐든지 하는
무식한 사람들'이라고 생각하니까.
그리고는 자기가 연구한 결과를
미래에 2층에 머물 사람들에게 남기지.
"그 사람들이 연구 결과를 좀 더
제대로 평가할 수 있을 테니까."
하지만, 설사 그 말이
맞는다고 해도
순수 과학자들이 찾은 사실을
미래 사람들이 적절하고 윤리적으로
사용할 거라는 보장을 어떻게 할 수 있을까?
그저 불행한 미래 세대에
또 한 가지 문제를
던져놓는 또 다른 문제가 아니라는
사실을 어떻게 확신할까?
아니, 지금은 결론을 내지 말고
일단 한 층 더 올라가보는 거야.
4층에 있는
정12면체로 가보는 거지.

정12면체 방에는

수학자가 있어.

하지만 '순수' 수학자는 아니야.

순수한 수학자들은 5층 다락에 있는

정4면체에서

현대 예술가들이랑 살아.

4층에 있는 수학자들은

고전 수학을 알고

3층에 있는 '순수' 과학자들이

찾은 과학에

그 수학을 적용할 수 있는

사람들이야.

이 사람들은 과학 자료를 가져와

정리하고

자기들이 장악하고 있는

모든 수학 도구를 동원해서

그 자료를 연구하지.

2층 사람들이

4층에 오는 경우는 거의 없지만,

혹시라도 4층에 온다면

터져 나오는 웃음을 참지 못했을 거야.

2층 사람들 눈에는

4층 사람들이 3층 사람들보다

훨씬 더 몽상에 빠진 사람처럼 보일 테니까.

하지만 여행 가이드는 이렇게 말할 거야.

"맨 꼭대기에 있는

정4면체 방을 둘러보기 전까지는

그런 말씀을 하지 마시죠."

적어도 4층 사람들은

기하학이나 대수, 미적분학처럼
고등학교나 대학에서
들어본 과목들
이야기를 하니까.
하지만 맨 꼭대기에 사는 사람들은
도넛이나 프레첼이나
고무판 위에
기하학 도형을 그리지
(정말이야).
그 사람들이 쓰는
대수와 산수에서는
2 더하기 2가 4가 **아니야!**
그 뿐이 아니야.
3＋2랑 2＋3도 답이 **다르고**
5×6과 6×5도 답이 **달라.**
그 사람들은 정말
다락방을 함께 쓰는 현대 예술가들하고
완벽하게 어울리는 사람들이야.
그 사람들은 어떤 직장이건 직장을
구할 수 있다면 정말 다행일 거야!
하지만 감정가들 말에 따르면
그 사람들 일은
미래에
임청나게 중요할 거라는군.
실제로
가장 실용적이고 유용한 기계 장치를
조사해보면,
'몽상적'이고 '비실용적인'
사람들이 없었다면 그런 장치는

현재 이 세상에
없었을 거라는 걸 알 수 있지.

그 이유는 다음 장을 읽으면 알 수 있을 거야.

06

토템 탑 (계속)

예를 들어,
다양한 음악과 온갖
소식을 전달해주는
라디오를 생각해보자고.
2층으로 가보면
많은 사람들이 전파 수신율을
높이기 위해 진공관이나 안테나 같은
다양한 장치를 개량하는
모습을 볼 수 있어.
그런데 제일 먼저
조악한 전파를 발사한
마르코니라는
2층 남자가 없었다면
라디오라는 기계를
발명하는 일은 없었겠지.
하지만 헤르츠라는
3층에서 일하는 사람이 없었다면
마르코니는 무선전신을
발명하지
못했을 거야.
헤르츠는 전보를 무선으로
보낼 수 있다는 생각이
실제로 가능하다는 걸 입증했어.

전자기파가 있다는
사실을 증명해 보였거든.
그렇다면 헤르츠는 전자기파를
찾아봐야겠다는 생각을 어떻게 하게 됐을까?
그야 당연히
4층에 사는
클러크 맥스웰이라는 남자 때문에 할 수 있었어.
맥스웰이 '전자기장'에
파동이 있다는 생각을 처음으로 하고
미적분을 이용해
여러 방정식을
만들었거든.
방정식을 계산해본
맥스웰은 전자기파는
분명히 있다고 선언했어.
앞에서 말한 것처럼
맥스웰의 생각은
헤르츠가 옳다는 걸 입증했지.
그런데 분명한 건
뉴턴이 미적분학을 발명하지 않았다면
맥스웰도 자기 일을 할 수 없었다는 거야.

그게 일이 진행되는 방식이야.

어떤 기계 장치를 택하든
그 장치를 발명하는 과정을
추적해보면
이야기가 끝나기 전에
어쩔 수 없이

5층까지 올라가야 한다는 사실을
알게 될 거야.

그런데 이렇게 말할지도 모르겠군.
"하지만 아직 처음에 제시한
근거는 전혀 입증하지 못했잖아.
그럼 탱크나 폭탄도
같은 과정으로 만들어졌을 테고,
그렇다면 과학은
선과 **악**에는
관심이 **없다는** 거잖아.
그건 도덕관념이
전혀 **없다는** 거잖아."

하지만 우리가 해준 이야기를
다시 한 번, 이번에는
좀 더 주의 깊게 읽으면서
과학이 말하고자 하는
내용을 제대로
듣기만 한다면
곧 인정하게 될 거야.
예를 들어
라디오 이야기로 돌아가서
다시 읽어보면 라디오를 발명하는 이야기에는
미국인
이탈리아인
독일인
영국인이 있다는 걸
알게 되는 거지.

비행기 이야기에는
러시아인
프랑스인
그리고 여러 나라 사람들이
있다는 사실을 알게 될 테고.
간단히 말해서
과학은 국제적이라는 사실에
아주 놀라게 될 걸.
왜냐하면 그건 히틀러의 '인종이론'이
완전히 틀렸다는 걸
의미하니까.
이런 이야기들이 알려주는
사실은
—귀를 기울여야만 알 수 있는데—
위대한 업적을 이루려면
협력해야 한다는 거야.
그러니까 1층 사람들과 2층 사람들이
자기보다 위에 사는 사람들을
비웃는 건
정말 터무니없는 일인 거지.
왜냐하면 모든 사람이 각자
필요한 일을 하고 있는 거니까.
이런 게 바로 **민주주의** 아니겠어?

따라서 과학은
도덕에 **관심이**
없지 않을뿐더러
우리에게
철학도 제시해.

1층에 있는
기계 장치들만
과학이라고 생각하고는
머리를 자르고
(위층들 말이야)
혈류만 막지 않는다면
(**모든** 층이
상호작용하는 거)
말이야.

그리고 아까도 말했던
이상한 대수와 기하학에 대해서
좀 더 들어보면
수학자들이 중요한 메시지를
많이 보내고 있다는 사실을
알게 될 거야.
세상에는 **다양한** 수학 체계가
있을 수 있는데
그런 수학 체계들은
모두 사람이 만들고
사람이 통제하는데,
이런 생각을
사회에 적용하면
모두가 바라는 좋은 세상을 만드는 건
모두 우리 자신에게 달려 있으며
사람에게는 스스로 깨닫고 있는 것보다
훨씬 많은 자유와 창조력이
있다는 사실을
알게 될 거다, 같은

메시지를 말이야.
'인간의 본성'은 정해져 있다는,
우리의 목을 움켜쥐고 있는 생각은
그저 허구에 지나지 않아.
왜냐하면,
맨 꼭대기에서 활동하는
사람들이 **사람의 본성은**
무한한 가능성을 지니고 있다는 사실을
보여주고 있기 때문이지.

그러니까
권총이나 탱크는
진짜 악한 게 아니야.
어떤 상황에서는
권총이 아주 '좋을' 수도 있어.
그보다는
'민족주의'
'독재 정권'
처럼
'인간의 본성'을
편협하게 보는
거짓 생각들이
진짜 **악한** 거야.
따라서
거짓 생각들이 총보다
훨씬 위험해!!
총이나 탱크는 그냥 도구일 뿐이야.
도구는 좋게도, 나쁘게도 쓸 수 있어.
그런 도구들은

1층에 있는 장비일 뿐이지만,
과학 철학은
모든 층에서
숙고한 결과물이고,
서로
상호작용한 결과로
틀림없이 전하고자 하는
메시지가 있어.
우리는 반드시 1층과 2층을
넘어 올라가야 해.
그러면 아래 두 층만으로는
인간을 아는 데 **충분하지 않음을**
알게 될 거야.
전체로서 과학이 밝힌
우리의 본성은 너무나도 아름답고
지금까지 본 것처럼
그 중심에는
국제주의와 민주주의가 있어.

그러니까 우리는 두 가지 주장을 할 수 있어.
첫째, 넓은 관점으로 과학을 보면
그 안에 담긴 철학을
이해할 수 있다는 거지.
토템 탑에서 본 것처럼
모든 과학이 힘을 합치면
정말로 악에서 우리를 구할 수 있어.
둘째, 맨 꼭대기에 사는 사람들에게
좀 더 감사할 줄 알아야 해.
과거에 그 사람들에게

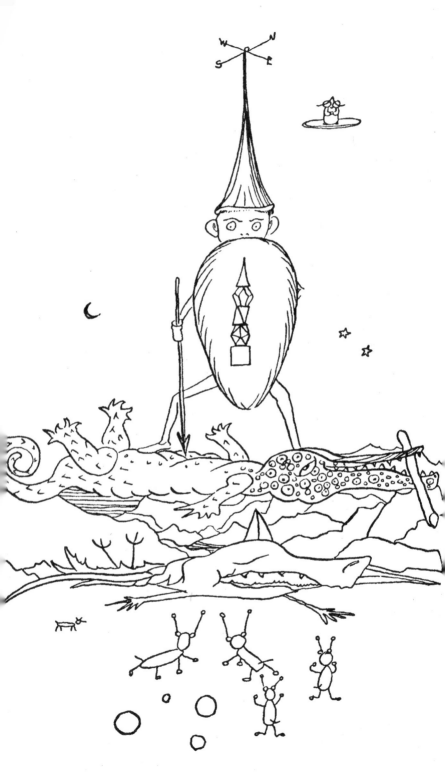

얼마나 많은 빚을 졌는지 안다면
옛날에 그랬던 것처럼
그 사람들을 잔혹하게 대하는 일은
이제 그만두어야 해.
그 사람들이 박해를 받은 건
순전히 자신의 에너지를
자기 한 몸을 편하게 하는 데 쓰지 않았기 때문이야.
"도대체 지금 하는 일에
무슨 실용적인 쓸모가 있소?"
라거나
"그런 일이 평범한
사람들에게 무슨 소용이 있어요?"
같은 말로 그 사람들을
야유하는 행위도 그만두어야 해.
왜냐하면 그 사람들도
그 이유를 모르니까 말이야.

과학자들이 하는 일은
천연가스 매장지나
천연가스나
산맥이나
강처럼
'자연적인 현상'이야.
그러니까 그 사람들이
자신들이 하고 싶은 대로
할 수 있는 자유를 주자고.
그 사람들의 다락방을
펜트하우스로 바꾸어주고
그들이 만든 이상한 물건에

감탄해주자고.
어쩌면 언젠가 그 물건은
아주 쓸모 있어질지도 몰라.
과거에도 그런 일은
자주 있었거든.
게다가
과학자들의 업적에 담긴
철학적 함의는
앞으로 알게 되겠지만,
이미 **지금도** 그 사람들을
우리에게 아주 소중한
존재로 만들어주었지.

명심할 것! 오, 토템 탑에
　　　　귀를 기울여야 해!

·07·
추상적 개념

4장에서
일반화는
대수가 산수를 뛰어넘게 해주는
아주 중요한 장점이라고 했었지?
사실 **일반화**는
모든 수학에서
새로운 결과를 얻으려고
사용하는 기본 방법이야.

아마 이렇게 말하는 사람도 있겠지.
"하지만 일반화는
수학자의 전유물이 아니야.
남자는 누구나
여자는 모두 어리석다는 걸 알아.
여자는 누구나
남자가 모두 바보라는 걸 알고 말이야.
누구나
유대인은 모두
은행가이자 **동시에** 공산주의자라는 걸 안단 말이야."
이 같은 일반화가
정당하지 않다는 건
굳이 그 이유를 말하지 않아도 될 거야.
하지만 수학에서 말하는

일반화는 훨씬 신중하게
세우기 때문에
자부심을 느껴도 좋아.

알겠지만, 기하학은
점, 선, 면 같은
성분들이 맺고 있는 관계를
다루고
다양한 도형(삼각형이나 원 같은)과
다양한 입체(각기둥이나 구 같은)의
특성을 연구하지.
그리고 알다시피
칠판이나 종이에
평면도형을 그리고
우리가 논의하는 사물을
형상화할 수 있도록
사물의 3차원 모형을
만들지.
하지만 분필로
칠판에 점을 찍거나
아주 가는 연필이나 펜으로
종이에 찍는 점은
차원이 전혀 없다고
정의하는 수학의 점에
비해 너무나도 크다는 걸
알게 될 거야.
수학에서 점은
길이도 너비도 두께도 없어.
마찬가지로

아무리 정교한 장비를 쓴다 해도
그림으로 그린 원은
그저 수학의 원을
어설프게 따라한 것일 뿐이지.
따라서
기하학에서
다루는 사물은
물질계에 존재하는
실제 사물의 **추상적 개념**일 뿐이야.
기하학의 사물들은
추상적인 개념이기 때문에
근사치가 아니라
정확한 값을 나타내지.
예를 들어
수학의 원에서
원주를 이루는 모든 점은
원의 중심에서
정확히 같은 거리에 있어.
물론 이렇게 말할 수도 있겠지.
"좋아, 정확하다고 쳐.
하지만 마음속에만 있는 게
뭐가 좋다는 거야?"
하지만 이제 곧
수학자들이 그런 추상 개념으로
무엇을 하는지, 그런 개념을
현실 세계에 어떻게
적용하는지 알게 될 거야.
사실
추상화하는 능력이야말로

사람을
다른 동물과 다르게 하는
두드러진 특징이지.
추상화 능력은
수학자뿐 아니라
화가, 음악가, 시인을 비롯해
모든 '사람'이 발휘하는
힘이야.
어쩌면 언젠가는
한 사람이 '사람-임'을 나타내는
기준은 지능이 아니라
추상화하는 능력으로
정하게 될지도 몰라.
왜냐하면 사람이나 장소가 아니라
진리, 정의, 자유, 논리
같은 추상 개념에
충실한 사람이
개의 충실함이 아니라
사람의 충실함을
지니고 있을 가능성이
훨씬 크기 때문이지.
이런 말을 하는 건 '개'를
우습게보기 때문이
아니야.
개는 아주 사랑스러운 동물인걸.
(성급하게 결론을 내리면
안 된다고 했었지!)
하지만 그래도 개는 동물이야.
사람과는 다른 동물.

그런데
'진리',
'정의',
'자유',
'논리'가
뭘까?
이런 말들은 실제로 어떤 의미를 지니고 있는 걸까?
분명한 의미를 지니고 있지 않다면
어떻게 이런 개념에 충실할 수 있을까?
혹시 이런 추상 개념들은
아무 의미가 없는데
누군가 다른 사람들을 속여서
노예로 만들려고
꾸며낸 '거짓 개념'은 아닐까?
이 책을 다 읽을 무렵이면
알게 되겠지만,
'진리', '자유', '논리' 같은
추상 개념들은
'수학적 진리'는 어떤 의미를 갖는가?
수학에서 말하는
'진리'란 어떤 종류인가?
수학에서 말하는
좋은 '논리'란 무엇인가,
같은 의문들을
자세하게 살펴보는 동안
훨씬 분명히
이해하게 될 거야.
그리고 수학자들이 점진적으로
수학의 본질을 고민할 수밖에

없는 동안, 서서히
사람의 사고력이 갖는
본성에 대해서도
깨닫지 않을 수가
없었다는 걸 알게 될 거야.
사람의 사고력이 갖는 힘과
그 한계를 말이야.
인간을 위해
인간이 하는
'증명'의 본질은 무엇인가,
같은 개념을 말이야.

당연히 이 문제는
다음과 관계가 있어.
"무엇이 사람을 사람답게 만드는가?
우리가 우리에게 기대할 수 있는
최선은 무엇인가?"

명심할 것! 쥐가 아니라,
　　　　　사람이 되자!

용어를 정의하라

지금까지 우리는
일반화와 **추상화**가
사람이 사용하는 아주 본질적이고
유용한 개념이라고
말했어.
한 가지 분명하게 알아야 할 점은
그런 개념을 사용하는 분야는
수학만이 아니라는 거야.
예를 들어
위대한 교향곡은
대중음악과 달리
정해진 언어를 사용하지 않아.
그렇기 때문에
특별한 감정을
이끌어내는 대신
감정을 추상화해.
그래서 훨씬 폭넓게
적용할 수 있는 거야.

마찬가지로
위대한 초상화는
사진보다 훨씬 추상적이야.
왜냐하면 한 사람의

특정한 순간을
표현하지 않고
화가가 그 사람의
본질이라고
생각하는 특성을
추상화했기 때문이야.
어쩌면 이렇게 말하는 사람이 있을지도 모르겠어.
"그래, 그런 식으로
추상화하는 건
괜찮다고 생각해.
왜냐하면 위대한 초상화는
사진보다
훨씬 넓은 시야를 제시하니까.
하지만 전혀
더는 알아볼 수 없는
주제까지 추상화해야 하는
현대인은 어떨까?
하지만 여기서는 **현대인**은
생각하지 말자고.
1부 제목이 '새로운 수학'이 아니라
'오래된 수학'이라는 걸
잊지 않았겠지?
현대인은
2부에서 다룰 거야.
당분간은
그저 수학에서
일반화와 **추상화**라는
개념은
예술에서처럼

'오래된' 측면과 '새로운' 측면을
가지고 있다는 것만
알아두면 좋겠어.
앞에서 언급한 개념을 사용하는 건
'오래된' 수학에 속한 것으로
초상화가 회화에서는
'오래된' 형태인 것과
마찬가지지.
그리고 수학에서의 '새로움'이란
예술에서와 마찬가지로
그 분야에 지식이 없는 사람들에게는
기이하게 느껴질 거야.
예를 들어서
현대 수학자들에게는
2×2가 4가 아니라고
앞에서 말했었지?
그렇다고 잔뜩 겁을 먹지는 마.
2부를 읽을 때면
마음이 훨씬
넓어져 있을 테니까
(희망사항이지만 말이야).
그리고 현대의 사고방식들이
지금 믿고 있는 그 어떤 것보다
더 논리적으로 느껴질 테니까.

하지만 예언은 하지 말자고.
지금은 하던 이야기나 계속할래.

수학에서 찾을 수 있는 또 다른

본질적인 생각은 무엇이 있을까?
분명히 이렇게 말하는 사람이 많을 거야.
"수학이
모든 것을 입증할 수 있는
영역인지,
우리가 쓰는 모든 용어를
면밀하게 규정할 수 있는 영역인지
그래서 우리가 말하는 것을
알 수 있는 영역인지는
분명히 검토해봐야 할 거야.
여기서 명심할 건
분명히
어떤 논쟁에서건
우리가 쓰는 모든 용어를
정의하는 법을 배워야 한다는 것이고,
그렇기 때문에
수학적 방법을
모범으로 삼아야 한다는 거야."

음, 그런데 말이야,
실망시켜서 미안하지만
이건 꼭 말해야겠어.
일찍이 기원전 300년에 살았던
유클리드도 말이야,
수학을 가지고
모든 걸 증명하거나
모든 용어를 정리하는 건
불가능하다는 걸
이미 알고 있었단 말이지.

왜냐하면, 그건 말이야,

한 증명 안에 있는

주장은 모두

분명히 이미 입증된

무언가가

뒷받침해주어야 하고,

용어는 모두

이미 규정된

무언가가

뒷받침해주어야 하기 때문이야.

그러니까

전적으로 새로운 사고 체계를

처음부터 세우려고 하면

반드시

아직 **정의되지 않은** 용어들과

입증되지 않은 명제들을

가지고 **시작해야** 해.

이런 반론을 제기할지도 모르겠군.

"하지만 말이야,

언제나 자명한 진리를 가지고

시작할 수 있으니까

그렇게 문제가 될 것 같지는 않은데."

그게 바로 유클리드가

스스로 그런 일을 했다고 생각했던 거지.

그때는

유클리드가 그런 생각을 한 게

정말 당연한 거야.

하지만 2부를 보면 알 수 있겠지만

현대에서는

절대

그런 식으로 생각할 수 **없어**.

하지만 지금은 일단

유클리드만 생각하자고.

유클리드는 자신이 살았던

시대의 모든 기하학 지식을 모아서

정리했는데,

그냥 마구잡이로 정리한 게 아니라

앞에서 말한 것처럼

자기가 생각하는 자명한 진리를

앞세우고

나머지 모든 것들은

논리로

입증해나갔어.

누구나 인정하듯이, 그건 정말 멋진 방법이었지.

그 뒤로는 모두

유클리드의 체계를 따랐어.

하지만, 미리 이야기했지만,

2부에 들어가면

수학자들은 어쩔 수 없이

유클리드의 체계를

근본적으로 변화시킬 수밖에

없었다는 걸 알게 될 거야.

따라서,

이제부터는,

유클리드에게 경의를 표하는 건 당연하지만

그렇다고

유클리드 체계를 맹종하면 안 되는 거야.

많은 기하학 책들이 그렇듯이 말이야!

명심할 것! 진보는
　　전통은 존중하되
　　맹목적으로
　　100퍼센트 따르지는 않을 때
　　이루어진다!

·09·
결혼식

사람의 역사를
쭉 되돌아보면
산수와 대수에서
유용하게 활용하는 많은 것들이
기원전 4000년이나 되는
먼 옛날부터 있었다는 걸 알게 될 거야.
기하학은
유클리드가 활동하던 기원전 300년 무렵에
아주 높은 수준까지 발전했지.
그때부터
수학에는
더욱더 많은 일들이 생겼어.
① 대수와 기하학 모두
훨씬 발전했지.
② 발전한 대수와 기하학은 **결합했고**
새로운 수학을 낳았어.
그게 바로 17세기에 데카르트가 만든
해석기하학이지.
③ 그러자 새로운 대수와
더 많은 새로운 기하학이
더 발전했어.
④ 그리고 수학에서 다루는
모든 **기본 개념**을

면밀하게 검토했지.
⑤ 논리를 검토하고
새로운 논리를 만들어냈어.
⑥ 우주를 연구할 때도
수학을 적용하게
되었지.
⑦ 그리고 이 모든 노력들 덕분에
수학은 훨씬 더
현명해졌고,
훨씬 더 복잡해졌어.
수학의 '상식'은
아주 수준이 높아졌기 때문에
보통 씨에게 있는
좀 더 일반적인 상식을
관찰하지 않을 수가 없었어.
그러니까
모든 남자를 자기 아빠라고
생각하는 어린아이의 상식을
점검하는 어른처럼 말이야.

물론 위대한 수학자가 되려면
엄청난 사고력을
갖추어야 하지만,
보통 씨에게
수학의 결실을 조금은
보여줄 수 있을 거라고 믿어.
보통 씨가 굳이
위대한 수학자가 되지 않더라도 말이야.
9장에서는 보통 씨에게

앞의 ②번에서 이야기한
17세기의 멋진 결혼식과 —
결혼식이 낳은 자손에
대해 말해줄 거야.
데카르트는 대수와 기하학을
합칠 수 있다고 생각했어.
다음과 같은 방법으로 말이야.
종이에 X와 Y라는,
수직으로 교차하는 선을 그리는 거야.
아래 그림처럼 말이야.

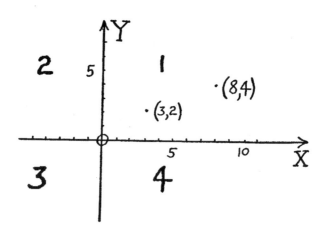

그러면 공간이 네 개 생기는데,
그 공간을 1, 2, 3, 4 '분면'이라고 해.
이 사분면에 있는
모든 점은 한 쌍의 숫자로
표현할 수 있어.
점 (3, 2)는 가운데 원점 (0)을 기준으로
오른쪽으로 세 칸 가고

위로 두 칸 올라간 곳에 있어.

점 (8, 4)는

오른쪽으로 여덟 칸,

위로 네 칸 간 곳에 있지.

한 점에서 앞에 쓴 두 수는

X축과의 거리를 나타내고

뒤에 쓴 두 수는

Y축과의 평행한 거리를

나타낸다는 걸

명심해야 해.

그리고

앞에 쓰는 수가 −2처럼

음수라면

이번에는 X축의 오른쪽이 아니라

왼쪽으로 이동해야 해.

마찬가지로

뒤에 쓰는 수가 음수라면

위가 아니라 **아래로** 이동해야 해.

따라서

점 (−4, −5)는

원점에서 왼쪽으로 네 칸

아래쪽으로 다섯 칸 가야 해.

(98쪽 그림 참고)

그리고 당연히

점 (−4, 5)는 왼쪽으로 네 칸, 위로 다섯 칸 가고,

점 (4, −5)는 오른쪽으로 네 칸, 아래로 다섯 칸 가는 거야.

점은 그렇게 찍는 거지.

이 간단한 장치를 이용하면

흔히 숫자를 나열해서

나타내는 정보를
그림으로
그려볼 수 있어서
훨씬 분명하게 정보를
이해할 수 있어.

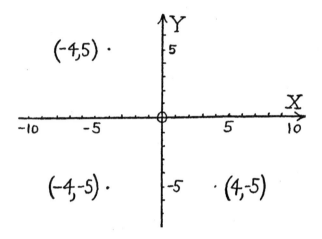

예를 들어서
어느 날 시간에 따라
변한 기온을 기록한다고 해봐.

시간	기온
오전 2시	-4℃
오전 5시	0℃
오전 6시	3℃
오전 9시	5℃
오전 11시	8℃
오후 6시	1℃
오후 9시	-3℃

이 자료는 '그래프'로
그릴 수 있어!

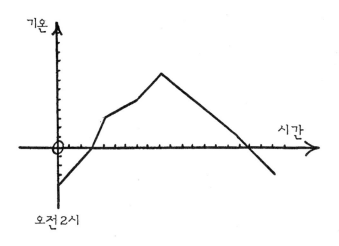

기온

시간

오전 2시

이런 그래프는 분명히
많이 봤을 거야.
'실용적인 사업가'라면
그림을 활용한 이런 도표는
사업도 설명하고
광고도 하고
사업 규모도 평가하고
그 밖에도
여러 가지로 활용할 수 있는
엄청나게 편리한 방법임을 알아.
병원에서 매일 회진하는
의사라면
수많은 숫자들을
분석하느라 시간을 낭비하지 않고
그저 병동을 돌다가

환자의 체온이 적힌 차트를
한 번 쓰윽 보는 순간
어디를 중점적으로 살펴야 하는지
알 수 있어.
이런 예들은 보통 씨도 잘 알 거야.
그러니까 이렇게
간단하고 유용한 장치를
만든 수학자에게 우리 모두가
빚을 지고 있다는 건
아무리 강조해도 모자라지 않아.

그런데 '실용적인' 사람들은
이 장치를 간단한
목적에만 사용하지만,
이 장치를 직접 다루는
수학자들은 무궁무진한
용도로 쓴다고.
여기서는
수학자들이 '그래프'라는
간단한 장치를
해석기하학이라는
수학으로 발전시키는
과정을 자세히 다루지는 않을 거야.
그런데 해석기하학이
없었다면
공학,
물리학,
화학
같은 다양한 분야에서

막대하게 중요한 역할을 한
뉴턴의 미적분학은
탄생하지 않았을 테고,
그랬다면
철도나 선박, 비행기를
이용한 교통수단도 없었을 테고,
전화, 전보, 무전기
같은 통신수단도 없었을 테고,
음식,
건강,
공기 정화
같은
수많은 영역에서 사용하는 편리한 도구들도
만들어지지 않았을 거야.
그에 관한 내용들은
다른 책에 충분히 있으니까
여기서는 군이 되풀이할
필요는 없을 것 같아.

명심할 것! 여가 시간에
　　　그런 책들을
　　　읽어보는 게 좋을 거 같군.

자손

여기서 잠깐 뉴턴의 미적분학에 담긴
중요한 생각을 하나 살펴보고 가자고.

자동차를 타고
여행을 한다고 생각해보는 거야.
자동차는 시속 64킬로미터라는
일정한 속도로 달리고 있어.
두 시간 동안 이 차가 달린 거리는 몇 킬로미터일까?
답을 구하려면
아주 단순한 공식만 알면 돼.
② $d = rt$
(거리＝속도×시간)
그런데 속도가 일정하지 않으면
어떻게 될까?
위 공식이 더는 필요가 없다는 건
쉽게 알 수 있을 거야.
그런데 속도가 일정하지 않은
운동에 적용할
공식이
필요할 때가 많으니까
그런 공식을 어떻게 세우는지 보자고.

공식을 쉽게 세우려면 먼저

속도가 시속 64킬로미터일 때
②번 방정식이 나타내는 그래프를 그려야 해.
다시 말해서
③ d=64t인 그래프를 그리는 거야.
그리고 좋아하는 수를 t에 대입해
표를 만들고 각 수를
③번 방정식에 대입해서
각각의 d 값을 구하는 거야.

t	d
0	0
1	64
2	128
3	192
4	256
5	320

그리고 이 점들로 그래프를 그리는 거야.

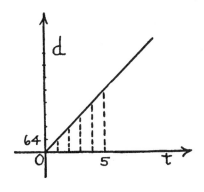

②번 방정식은

$$r = \frac{d}{t}$$

로 쓸 수 있기 때문에
(속도를 구하려면
거리를 시간으로 나누면 돼)
그래프에서
속도를 구하려면
점선에 있는 값
(이동한 거리를 나타내지)을
대응하는 시간 t의 값으로
나누면 돼.

105쪽에 있는 그래프는
문제에 나온 운동을
완벽하게 표현했어.
시간은 가로축을 따라
증가하고
거리는 세로축을 따라
증가해.
그리고 속도는
거리와 시간의 비율이야.
분명한 건
속도가 일정한 운동은
직선으로
나타낼 수 있다는 거지.

그렇다면
속도가 **일정하지 않은**
운동은 어떻게 나타낼 수 있을까?

예를 들어서,
처음 30분간은
시속 64킬로미터로 달리다가
속도를 시속 128킬로미터로
올린 상태로 두 시간을 달리다가
멈춰 서서 한 시간 동안 있다가
다시 3시간 동안
시속 224킬로미터로
달린다면
어떤 그래프를 그릴 수 있을까?
분명히 이런 그래프를 그릴 수 있을 거야.

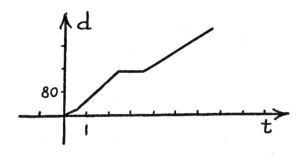

그렇다면, 비슷한 경우를 생각해보자.
다음에 나오는 꺾인 선 그래프는
어떤 이야기를 담고 있을까?
각각의 직선 구간에서
속도는 일정하지.
하지만 직선의 기울기가
변할 때마다 속도는 변하고,
그 속도는 다시 직선이 꺾일 때까지
유지돼.

주의해야 할 건
그래프에서 보듯이
직선이 한 번 꺾일 때마다
속도가 갑자기 변한다는 거야.

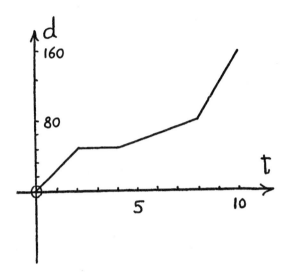

속도가 천천히 증가하거나
서서히 감소하는 게
아니라는 거지.

이 과정을 나타내려면
110쪽에 있는 것처럼
곡선이 필요해.
좌표에서 X축은 시간이고
Y축은 거리를 나타내.
그런데 이 그래프에서 속도는
일정 시간 동안 지속되지 않고
계속해서 변하는 거야!

이렇게 포착하기 어려운 순간은
어떻게 잡아야 할까?

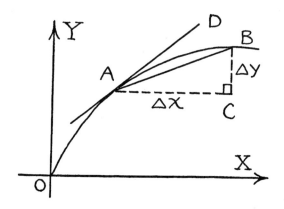

이런 문제는 말이야,
미적분을 이용하면 풀 수 있어.
일단 점 A에서 점 B까지 가는 운동이
속도가 증가하는 운동이 아니라
속도가 일정한 운동이라고 생각해보자.
그렇다면 두 점을 잇는 선은
곡선 AB가 아니라
직선 AB가 되는 거야.
이 그래프에서
직선 AC는 시간이고
직선 BC는 거리이기 때문에
속도는 BC/AC로
일정하게 유지되는 거지.
이제 점 B를 점 A 쪽으로
이동시키자.

더욱더 가까이 이동시키면

직선 AB는 점점 더

직선 AD에 가까워져.

곡선에 있는 점 A의 접선이 되는 거지.

이때 점 A의 실제 속도는

BC/AC의 극한(리미트)

이라고 말할 수 있어.

이 속도는 오직 한 순간에만

지속되는 속도지만

(점 A를 벗어나는 순간

곡선의 접선은

전혀 다른 모양이 되지)

그렇다고는 해도

그 순간의 속도를 잡을 수 있고

수학적으로 표현할 수 있어

(그러니까 속도를 다룰 수 있는 거야).

여기서,

AC를 Δx로 나타내면

('델타 엑스'라고 읽으면 돼)

A의 x값에서 B의 x값을 뺀

값을 의미해.

BC는 Δy로 표기한 다음에

점 B를 점 A 가까이 가져갈 때

$\Delta y/\Delta x$의 값은 극한값에

가까워져.

$\Delta y/\Delta x$의 극한값은

dy/dx로 표현해.

따라서

점 A에서의 속도는

$dy/dx=r$이라는 공식을
이용하면 풀 수 있어.
물론 이때 속도는
점마다 다르지.
이제,
곡선의 원래 방정식을 알면
미적분이 제공하는('미분법'이라고 부르는)
적절한 도구를
이용해서
어떤 점이든
dy/dx를
알아낼 수 있게 되었어.
반대로,
dy/dx의 값을 안다면,
즉, '미분 방정식'을
안다면
미적분을 이용해서
('적분법'을 사용하는 거야)
곡선의 원래 방정식을
구할 수 있는 거야.
자연에 존재하는 문제들은 대부분
끊임없이 변하는 세상에서 일어나지.

이제,
아주 작은 영역에서
일어나는 일들을 밝혀줄
미분 방정식과
행성의 전체 궤도 같은
거대한 영역에서

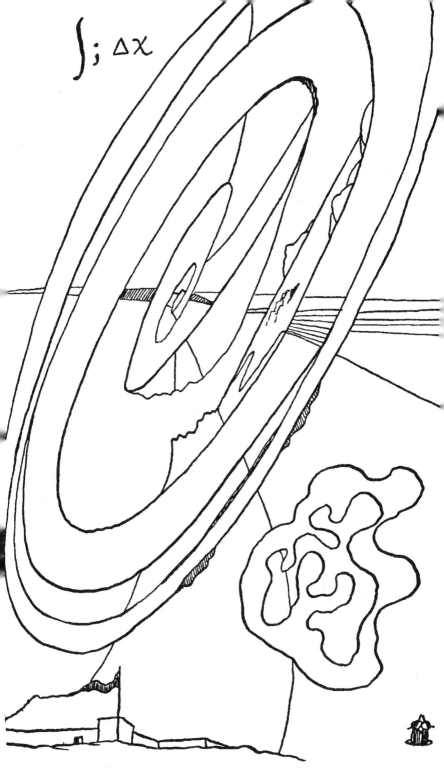

∫ ; Δ𝑥

일어나는 일들을 밝혀줄
'적분 방정식'이
탄생한 거야.
이렇게 간단한 설명으로는
미적분이 과학에서
얼마나 강력한 도구로
쓰이는지 전혀 감이
잡히지 않을 거야.
여기서는 그저
미적분은
우리가 측정하는 동안
아주 유순하게 조용히
기다리는 기하학의 도형들
같은 다른 수학 도구와 달리
끊임없이 변하는 세계를
연구할 수 있게 해주는
방법이라고만
말해두자고.
그러니까
빠르게 변하는 역동적인 세상을
연구할 수 있는 장비가 미적분이야.
그러니까 미적분을
수학의 결정판이라고 해도 되지 않겠어?
미적분 외에 필요한 게 또 뭐가 있겠어?

하지만 2부를 보기 전까지는 단정하지 말자고!

명심할 것! **움직임을**
        연구하는 법을 배우자!

1부 정리

1부에서 우리가 알려주고
싶었던 내용은 이거야.

① 수학 없이
생각하려는 사람은
대책 없는 아이와 같다.
(1장, 2장, 3장 참고)

② 이론의 도움 없이
무엇이든지 직접 해야 하는
'실용적인' 사람은
그냥 바보일 수도 있어.
(2장, 5장, 6장 참고)

③ 수학과 과학의 가치는
유용한 장치를 제공해
준다는 데
그치지 않고
그 안에 있는
철학에도 있다.
(5장, 6장 참고)

④ 일반화와 추상화는

(사고의 두 가지 강력한 도구인데)
모든 사고에
중요하다.
이 두 가지가 없다면
사실 생각을 할 수 없다.
하지만 이 두 가지는
정확하게 사용하는 방법을 알아야 한다.
왜냐고? 함부로 쓰면
'다이너마이트'가 되어
쓰는 사람을 날려버릴 테니까!
(77쪽, 69쪽 참고)

⑤ '예'나 '아니요'라는 대답을
항상 요구하지는 말자.
예를 들어 "우리는 위대한 조상이 세운
전통을 반드시 지켜야 하는가?
예나 아니요로 대답하라."
같은 질문 말이다.
수학의 역사는
유클리드 기하학에도
반드시 지켜야 할 부분도 있지만
반드시 버려야 할 부분도 있다는 걸 보여주고 있어.
그 내용은 2부에서 자세히 다룰 거야.
하지만 수학이 아닌 다른 영역,
즉 사회학 같은 곳에서는
사람들이 맹목적으로
이런 말을 하는 걸 들을 거야.
헌법에 따르면,
카를 마르크스에 따르면,

시어도어 루즈벨트에 따르면, *

무릇, **맹목적인 신봉자들은** 조심해야 해!라고 하면서

철저하게 받아들이거나
철저하게 배척하라고
강요할 거야.
하지만 수학에서는 단순히
권위자의 말을 인용하지 않아.
대신 이렇게 말하지.
"오늘날 밝혀진 지식에 따르면
유클리드는 이런 점에서는 옳지만
이런 점에서는 옳지 않아."
이건 정말 과거를 바라보는
올바른 방법이야.
그리고 좋은 점도 있지만 나쁜 점도 있는 방법이지.
현대의 지식에서
옥석을 가려낼 수
있어야 하니까.

⑥ 성급하게 결론을 내리면 안 돼.
(1장, 2장, 3장 참고)

⑦ 틀릴 때도 있다는 이유로
감을 배제하면 안 되는 거야.

* 그런데,
헌법을 작성한 사람들은 자기 글이 많이 인용되는 다른 사람들처럼
신봉자들이 자신의 글을 남용하는 걸 보면 공포에 질릴 거야.

패러데이나
여러 위대한 과학자들이
처음에 쓴 글들을 읽어 보라고.
위대한 많은 업적이
그 시작은 감이었다는 걸 알고
놀랄 거야.

하지만
⑧ '감'을 모두 멋지다고
생각하면 안 돼.
아주 끔찍한 '감'도 있으니까.
감을 따를 때는 조심해야 해.
'감'을 키우되
신중해야 하는 거지!

⑨ 주장이나 이론은
오랫동안 인류에게
중요한 역할을 했는지를
근거로
판단해야 해.
과학이나
수학이나
예술이 그런 것처럼 말이야.
과학, 수학, 예술은
'사람의 본성'을 가장 잘 드러내지.
이 세 가지를 보면
사람의 영혼 깊숙한 곳에는
국제주의와 민주주의가 있다는 걸
알게 되지. (6장 참고)

⑩ 따라서 수학은
기술자나
수학 공식이 필요한
사람들만을 위한 도구가
아니라는 걸 알았을 거야.
수학은 모든 사람에게 아주 중요한
생각하는 방식이고
살아가는 방식이지!

⑪ 그런데 수학 수업을 할 때는
대부분 이런 내용을
생각해볼 시간을 주지 않아.
익혀야 할 기술이 너무 많기 때문이야.
하지만 **반드시**
가끔은 기술만 배우는
시간을 멈추고
수학이 품고 있는
일반 개념을 알아보는 게 좋아.
그게 **우리 모두**에게
좋은 거야!

2부

*

새로운 수학

12

새로운 교육

대수는
더 어려운 문제를
풀기 위해 활용하는
일반 산술이라는 걸
알고 있을 거야.
그리고 기하학은
2차원이나 3차원에 속하는
다양한 도형을
연구하는 학문일 뿐 아니라
전체 구조는
몇 가지 기본 명제에서
나온다는 사실을 알려주는
표본 과학이기 때문에,
결국 생각 체계의
'모형'이라고
할 수 있어.
해석기하학은
대수와 기하학이
결합한 형태인데,
아주 유용하다는 것이 입증됐지.

미적분은
역동적인 우리 세상을

연구할 수 있는
강력한 도구야.

알겠지만
수학은 기술이기 때문에
유용한 도구인데, 동시에
생각하는
한 방법이기도 해.
수학은 명료하고,
정확하고,
간결하고,
다재다능하니까.
수학을 아주 조금만이라도
세심하게 공부하면
대립하는 수많은 정보를
제대로 파악할 수 있어.
수학 기술을 거의
사용하지 않아도 말이야.
(1부 정리 참고)

어쩌면 이렇게 말할지도 모르겠어.
"그럼 그걸로 된 거 아니야?"

그런데 사실
1부에서 소개한
수학의 모든 분과 학문은
1642년부터 1727년까지 살았던
뉴턴 시대에
모두 발견됐지.

뉴턴 자신도
미적분학을 발명했고.
해석기하학은 1637년경에
데카르트가 발명했고,
유클리드는
기원전 300년경에 살았지.
그러니까
고등학교나 대학교에서
공부하는 대수의 대부분은
기원전 300년부터
뉴턴의 시대에 이르는
기간에 상당 부분
밝혀진 거야.

따라서,
일반적으로 대학을 졸업한
사람들이 아는 수학은
300년 전에 확립된
지식이 전부인 거지.
그런데 말이야,
지난 100년 동안
수학자들이 발견한 내용은
그전까지 수세기에 걸쳐
발견한 내용을 다 합친 것보다 많아.
물리학도 수학처럼 대학에서
옛 물리학만 가르친다면
대학을 나온 사람들은
비행기나
자동차,

라디오 같은
발명품을
듣도 보도 못했을 거야.
하지만 물리학에서 그런 일은
절대로 일어나지 않잖아.

그런데 어째서
수학은 그런 일이 가능한 걸까?
혹시 현대 수학은
드문 영혼을 가진 소수만이
이해할 수 있는
어려운 학문이라서 그런 걸까?
아니, 천만의 말씀!
물론
아주 드물게 등장하는 소수가
현대 수학을
발명하기는 했지만
현대 수학을 이해하는 것도
고전 수학을 이해하는 것만큼
어렵지 않아.

현대 수학을 제대로 가르치지 않는 건
어쩌면 교육자들이 타성에 젖어서 그런 거 아닐까?
그리고 보통 씨는
자신이 무얼 놓쳤는지
모르니까
당연히 가르쳐달라고 요구할 수도 없었지.

하지만 현대 수학을 배운다면

보통 씨는 고전 수학만 배울 때보다
인생을 보는
훨씬 영리하고 보편적인 세계관을
갖게 될 거라고 생각해.

이제부터 소개할 이야기들을 읽으면
누구나 우리가 하는 말에 동의할 거야.

13

상식

앞에서 이미 말한 것처럼
기하학을 공부해야 하는
한 가지 중요한 이유는
기하학이
과학을 연구하는 방법을 제시하고
사고 체계를 형성하는
방법을 제시한다는 데 있어.
기하학이 그런 역할을 하는 이유는
몇 가지 기본 생각을 가지고
논리를 활용해
모든 다른 생각—명제—들을
이끌어내는 방법을
보여주기 때문이야.

유클리드는 그런 기본 생각들을
'자명한 진리'라고
생각했고
그중에는
너무나 자명해서
언급할 필요가
없는 것들도 있다고 생각했어.
예를 들어,
삼각형의

'안'과 '밖'이 뜻하는 의미는
너무나도 명확하기 때문에
굳이 정의할
생각도 하지 않았어.
그리고 지금 이 순간
보통 씨도
그런 건 너무나도 당연한 '상식'이라서
엄청난 바보라고 해도
흘긋 보기만 해도
어디가 어딘지 안다고 생각할 거야.

하지만 곧 이 '상식'이
어떤 문제를 일으키는지 알게 될 거야.
왜냐하면 이 '상식'은
다음과 같은 터무니없는
명제를 이끌어내기 때문이지.
"삼각형이 이등변이 **아니라면**
그 삼각형은 **분명히** 이등변이다!"
(이등변삼각형이
두 변의 길이가 같은 삼각형이라는 건
당연히 기억하겠지?)
이제부터 해나갈 증명을 이해하려면
고등학교 때 배운
기하학을 기억해내야 해.
아주 고통스러운 일은 아닐 거야!
만약에 AB가 AC와
같지 않다면
이제부터 우리가 해야 할 일은
AB는 AC와 **같다는** 걸

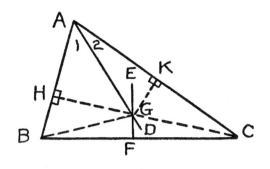

입증해 보이는 거야!

먼저 각1＝각2가 되도록 선분 AD를 그려야 해.

그리고 BC를 이등분하는

수직선 FE를 그리는 거야.

삼각형이 이등변이라면

AD와 EF는

일치하는 한 직선일 거야.

하지만 이 삼각형은

이등변삼각형이 **아니니까**

AD와 EF는 서로 엇갈리지.

이 두 선분이 만나는 점을 G라고 하자.

이제 선분 BG와 CG를 그리고

AB에 수직인 선분 GH도 그리자.

BG와 CG의 길이는 같아.

왜냐하면 선분을 이등분한

수직선 위의 한 점에서

선분의 양 끝까지의 거리는

항상 같기 때문이지.

(기하학에서

잘 알려진 명제인데,

기억나지?)

또한 GH＝GK야.

왜냐하면 한 각을 이등분한
선분 위에 있는 점과
그 각의 양 끝까지의 거리는
같기 때문이지.
(이것도 잘 알려진 명제인데……,
음, 빨리 기하학 책을
가져와서 펼쳐보는 게 좋겠어.)
따라서
삼각형 BGH는 삼각형 CGK와
합동이야.
왜냐하면
한 직각삼각형의 빗변과 다른 한 변이
다른 직각삼각형의 빗변과 다른 한 변과
같으면 두 삼각형은
합동이기 때문이지.
(빨리 기하학 책을 가져오라니까!)
합동인 도형에서
대응하는 부분은
같기 때문에,
따라서
BH＝CK인 거야(①).
마찬가지로
삼각형 AGH는 삼각형 AGK와
합동이므로
결국 AH＝AK이지(②).
①과 ②의 결과를 합치면
AB는 AC와 같다는 결론이 나와.
즉,
한 삼각형의 **동일하지** 않은 두 변은

반드시 같아야 하는 거야!

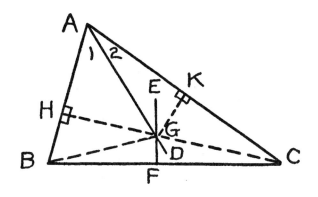

아마 이런 결과가
마음에 들지 않을 거야.
그건 수학자도 마찬가지야.
그런데,
기하학을 제대로 기억하는
사람이라면 지체 없이
문제가 뭔지
알았다고 말하겠지.
그러니까
선분 AD와 EF가 교차하는 건
맞는데
위의 그림처럼 교차하지는
않는다고 말이야.
실제로는
다음 그림처럼
삼각형 밖에서 교차한다고 말하는 거지.

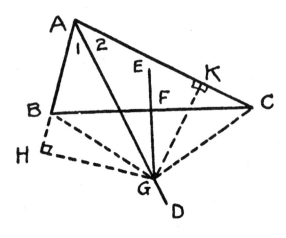

이 그림에서
삼각형 BGH는 삼각형 CGK와
합동이기 때문에
BH＝CK야.
그리고
삼각형 AGH는 삼각형 AGK와
합동이므로
AH＝AK야.
하지만 이 두 사실을 합쳐도 AB＝AC가 **아니야**.
왜냐하면 이제는 AH와 BH의 합이
AB가 **아니기** 때문이지.
(하지만 여전히 AK와 KC의 합은
AC와 같아.)
이렇게 생각하면
처음과 달리
어처구니없는 결론은 **나오지 않아**.

하지만
그렇게 호락호락하게 수긍할 우리가 아니라고!
이 추론은 문제가 있어.

왜냐하면
주장을 증명하려고
논리가 아니라
그림을 이용했으니까.
아마도 "그게 뭐가 문제야?"
라고 말하고 싶겠지?

음,
문제가 뭐냐면 말이야
기하학에서는 그림을
절대로 증거로 활용하지 않는다는 거야.
왜냐고?
기하학은 그런 학문이
아니니까.
기하학은
기본 명제를
논리로 추론해서
공리를 이끌어내는 학문이라고.
삼각형의
'안'과 '밖'을 특별히 규정한
정의가 없다면
존재하지도 않는 정의를
근거로 제시할 수 있는 주장은 없어.
이런 말은 그냥
핑계처럼 들린다고?
하지만 수학자들도 그 때문에
골탕을 먹어 왔는걸.
그래서 지금은 훨씬 신중해졌지.
우리는 보통 씨도

그래야 한다고 생각해.
혹시 말이야, 법률서에도 없는
범죄를 저질렀다고
고소를 당하면
어떤 기분이 들겠어?
당연히 법률서에 없는 법에는
'정당성'이 없다고
주장하는 변호사에게
찬사를 보내지 않을까?

그래서 수학자들도
주장에 대한 증거로
근거 없는 추론을 제시하지
않는 법을 열심히 익혔어.

이런 말을 들으면
현대 심리학의 사례들이
생각날지도 모르겠어.
사람의 신경계를 훼손하는 것은
많은 경우 '잠재의식'이기 때문에
잠재의식을 일깨우면
훼손된 부위를 치료하고
손상을 제거할 수 있다는
심리학 말이야.

따라서 현대 수학의 한 가지 경향은
잠재의식 속에 숨어 있는 생각을
명확하게 밝혀
그로 인해 야기된

편견과 거짓 생각을
제거하는 것 같아.

명심할 것! 작위적인 추론에
　　　　근거가 있는지를 밝히고
　　　　이치에 맞게 생각하자!

14

자유와 방종

바로 앞에서 본 것처럼
현대 수학의 과제 한 가지는
유클리드 기하학으로 돌아가
유클리드가 세운
'작위적인' 추론의
허위성을 폭로하고
13장에서 보았던
'거짓 증거'들이
불가능하다는 것을,
적어도 유클리드 기하학에서는
불가능하다는 것을 보여주는 것이다.
그리고 유클리드의 책을 본뜨고
유클리드의 경험에서 이득을 취해
다른 논의의 영역에서도
'가짜 증거'는
발을 내밀지 못하게 하고,
'작위적인' 추론은
절대 불가능하게 하는 것이
우리가 해야 할 일 아닐까?

그런데 여기서 끝이 아니다!

작위적인 추론이 아니라

명확하게 진술한
'자명한 진리'는
어떨까?

사실,
'자명한 진리' 가운데는
그 당시에도
자명한 것처럼 보이지 않은 것도 있어.
소위 말해서, 유명한
'평행선 공준'이 그래.
"주어진 한 점을 지나
그 점을 지나지 않는 주어진 직선과
평행을 이루는 직선은
단 한 직선밖에 그릴 수 없다"는
공준이 바로 그거야.
유클리드는 이 공준이
'자명한 진리'가 아니라는
사실을 증명하고 싶었어.
하지만 실패했어.
그래서 어쩔 수 없이
썩 기분이 좋지는 않았지만
'자명한 진리'라고
분류할 수밖에 없었어.

그 뒤
수백 년 동안
뛰어난 수학자들이 계속
평행선 공준을 증명하려고
노력했지만 모두 실패했어.

그리고 **마침내,**
1826년이 **되어서야**
아주 놀라운 일이 벌어졌지.
동시에
여러 수학자들의 마음에
(로바체프스키, 보여이, 가우스가 그 주인공이지)
평행선 공준은
'자명한 진리'가 아닐 뿐 아니라
어떤 의미에서는
전혀 '진리'가
아닐 수도 있다는
생각이 떠올랐던 거야.
그래서 수학자들은
"(주어진 한 직선 위에 있지 않은)
주어진 한 점을 지나는 직선에
평행한 직선은
오른쪽에 하나
왼쪽에 하나, 모두
두 개를 그릴 수 있다."
라는 가정을 세우면
어떤 결론이 나오는지
알아봤어.

아마도 보통 씨는 즉시
반박할지도 모르겠어.
"아니, 그럴 순 없어!"
그러고는 아주 흥분해서
이런 그림을 그릴지도 몰라.
그리고 말하겠지.

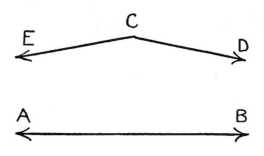

"점 C를 지나는
두 직선을 봐.
어느 직선도
직선 AB에
평행하지 않잖아.
보면 모르겠어?
직선 CD는 분명히
직선 AB의 오른쪽 어딘가에서 만나고
직선 CE는 분명히 왼쪽에서 만날 거야.
상식이 조금이라도 있다면
누구나 알 수 있는 사실 아니야?"

하지만 우리는 보통 씨에게
'상식'을 경계하라고
말해줘야겠어.
상식이 나쁜 건 아니야.
하지만 상식은 생각보다 **훨씬**,
정말 조심해서 사용해야 해.
(1부의 1장, 2장, 3장과
95쪽에 실린 내용을
절대 잊으면 안 돼!)

또 한 가지 반드시 주의를 하라고 알려주고 싶은 건
도표를 아무렇게나 사용하지 말라는 거야.
반드시 **논리적으로**
생각해야 해.
논리야말로 명확하게 생각할 수 있는
가장 **안전한** 무기이니까.

자, 그런데
앞에서 말한
아주 똑똑한 세 사람이
이 문제를 조사하고
찾아낸 것은
(참, 세 사람 모두
독자적으로 찾아냈어)
자기가 세운 이상한 가설에
논리적으로 문제가 없다는 거랑
자신들이 **전적으로** 다른
기하학을 찾아냈다는 거였어!
이 기묘하게 느껴지는
기하학에서는 삼각형의
세 각의 합이
더는 180°가 아니었고
이 기하학에서는
유명한 피타고라스의 정리도
더는 진리가 아니었어.
그런데도
논리적으로 완벽한 거야!
그런데, 보통 씨는 이런 말을 할지도 모르겠군.
"그래서 뭐?

몽상만 하는
비실용적인 수학자 몇 명이
잘못해서
상식을 완전히 잃어버리고
바보 같은 논리를
가지고 놀다가
괴상한 결과를 이끌어냈다고 해서
보통 씨인 내가
흥분할 이유가 있는 거야?"
하지만 보통 씨,
1868년에
벨트라미라는 사람이
이 모든 것이
그저 엉뚱한 허튼 짓이 아니라
'위구(가짜 구)'의 표면에
적용할 수 있다는
사실을 알아냈다면
뭐라고 할 거야?
벨트라미는
평범한 칠판이나
종이처럼
평평한 표면에서는
유클리드 기하학이 잘 적용되지만
그 밖에 다른 표면에서는
새로운 기하학이 필요하니까
두 기하학 모두
아주 합리적이라는 사실을
깨달았지.

예를 들어,
지구 표면에 적용하는
기하학은
비유클리드 기하학이어야 해.
왜냐하면 지구의 표면에서도
삼각형의 모든 각의 합은
180°가 **아니거든**.
적도의 호와
두 경선의 부분으로
북극에서 적도의 호 양쪽으로
뻗은 삼각형이 있다고 생각해보자고.
이 삼각형의 밑변을 이루는
두 각은 똑같이 90°이지만
이 삼각형의 세 각의 합은
180°가 **아니야**.

그게 '자명한 진리'하고
무슨 상관이 있는지 모르겠다고?
유클리드의 평행성 공준**이랑**
위에서 소개한
비유클리드 기하학의 평행선 공준은
(주어진 한 점을 지나는 직선과
평행인 직선은 둘이라는 공준 말이야)
둘 다 분명히
똑같이 진리라는 거야.
하나는 평평한 표면에
다른 하나는 그렇지 않은 표면에서 말이지.

이런 경험들이

쌓이면서
수학자들은
점차
'자명한 진리'를
기본 공리로 간주하는 것보다는
―유클리드는 그랬지만 말이야―
그저 단순한 **추론**
이라고 간주하는 것이
훨씬 더 이치에 맞는다는
생각을 어쩔 수 없이
할 수밖에
없게 되었지.

다시 말해서,
이제 수학자는 이렇게 말하게 된 거야.
내가 요구하는 건 이거뿐이다.
몇 가지 가정을 세운 뒤에
논리를 이용해
다른 일들을 추론해나가는 거,
자가당착에 빠지지 않고 말이야,
그게 내가 요구하는 전부야.
왜냐하면, 본질적으로
나는 한 표면에 들어맞는
특정한 기하학을
찾는 일에는
관심조차 없기 때문이지.
내 관심사는 어떻게 해야
논리적으로 생각할 수 있는 가야.
그러니까 어느 정도는

심리학의 문제라고 할 수 있어.
그래서 내가 알게 된 건
어떤 점에서는
내가 아주 자유롭다는 거고
어떤 점에서는
얽매어 있다는 거야.
무슨 뜻이냐면,
내 마음에 드는 추론은
어떤 것이든 기본 추론으로 택할 수 있다는 거야.
단, 그 추론은
절대로
서로 모순이 되면 안 돼.
이런 방법으로
나는 모든 종류의
사고 체계를
발전시킬 수 있어.
그리고 그런 사고 체계 가운데는
실제 세상에서
실제로 적용되는 경우가,
나도 깜짝 놀랄 정도로
아주 많아.
과거를 돌아보면 말이야,
훨씬 더 많은 사고 체계들이
앞으로는 더 많이
활용될 것 같아.
하지만 정말로 나를 이끄는 동기는
내가 창조한,
정말 놀라운 세계를 향한
엄청난 호기심과 기쁨이지.

이런 말들이 초심자에게는
근사하게 들릴지도 몰라.
하지만 진정한 동기는
근사할 뿐 아니라
'사람이 생각한다는 것은 실제로 무엇을 뜻하는가?'
라는 질문에 대답할 수 있는 실마리를 주어야 해.

그걸 아는 사람은
자유가 끝나고
방종으로 넘어가는 단계를
분명하게 깨닫게 돼.
모순을 일으켜
사고 체계를 무너뜨리는
생각은 체계 안에
도입하면 안 된다는 사실을
분명하게 깨닫게 되는 거지.

민주주의에
민주주의를 파괴하는 생각을
주입하는
가짜 자유주의자들을
찾아내야 해.
그런 사람들은
자신들이 민주주의를 위한
기본 공리라고 생각하는
내용을 명확하게
진술하게 해봐야 해.
그러면 자신들이
옳다고 생각하는 많은 내용이

기본적으로 서로
충돌하는 생각임을
알게 될 거야.
그리고 **언론의 자유**조차도
실제로는
어쩔 수 없이 제한해야 한다는 걸
인정하게 될 거야.
왜냐하면 언론의 자유를
민주주의의 다른 공리를
반박하는 데 쓰면
절대로 안 되기 때문이지.
그러니까 아무리 민주주의 사회라고 해도
민주주의의 적이
언론의 자유를 이용해
민주주의를 파괴하는 걸 허용한다는 건,
전혀 논리적이지 않은 거야.

마찬가지로
기업의 자유도
민주주의의 다른 공리들 때문에
어쩔 수 없이 제한될 수 있어.

이제 수학자들이
많은 사람이 아무 생각 없이
번지르르하게 말만 늘어놓는
수많은 문제를 어떻게
해결하는지 알겠지?
말만 번지르르하게 늘어놓는 사람들은
수학자들처럼 **아주 신중하게** 자신의 생각을

검토하는 훈련을
받아본 적이 한 번도 없어.
논리적으로 생각하기 위해서
우리가 **반드시** 따라야 할
본보기가 있는 거야.
이건 가짜 사상가들이
떠들어대는
논쟁이 아니야.
아주 조용하고
정직하고
신중하고
만족스러운
논증이지.

명심할 것! 순진하면 안 돼!
　　　수학에서 사용하는 방법을
　　　활용해야 해!

15

오만과 편견

지금쯤이면 더는 이런 생각을
하지 않았으면 좋겠군.
"세상에 기하학은 하나야.
아주 오래전에 만들어진 유클리드 기하학 말이야.
유클리드 때문에
고등학교 때는
아주 머리가 아팠지만
적어도 그 남자는 존경할 만하지."
〈앤디 하디, 드뷰탄트를 만나다〉*에 나오는
하디 부인이
"좋은 사람은 절대로 변하지 않아"
라고 했다고 해서
그 말에 동조하면 안 돼.
우리가 기꺼이 동의해야 하는 건
작고한
벤자민 N. 카도조(1870~1938년)
대법관의 말이야.
그 사람은
"습관에 침투해 엄청난 혁명을 일으키는
엄청난 변화를 감지해내는
마음의 편협함을

* 1940년에 제작한 미국 코미디 영화─옮긴이

조심해야 한다"라고 했지.

이렇게까지 말해도 여전히 의심스럽다면
이 장에서는
단순하지만 아주 매력적인
기하학을 하나
소개해주지.
이 기하학은 아주 멋들어지게
당신의 마음을 유연하게 만들어
변하는 이 세상을
쉽게 헤쳐 나갈 수 있게
해 줄 거야.

반드시 알려주고 싶은
사실은 말이야.
수학에는
새로운 생각이 아주 많고
새로운 생각을 환영하지만
'과격한' 미성숙한 사람들이 내뱉는
헛소리와는
전적으로 다르다는 거야.

이 말을 염두에 두고
한번 살펴보자고.

유클리드 기하학에서는
평면은 물론 직선도
무수히 많은 점으로 이루어져 있다는
사실은 당연히 알고 있을 거야.

그런데, 이제부터 이야기할
기하학에서는
그런 사실이 적용되지 않아.
이
기하학에는
점이 모두 합쳐서
스물다섯 개밖에 없어.
그래서 이 기하학을
유한기하학이라고 불러.

일단
A부터 Y까지의
영어 알파벳으로
점을 스물다섯 개
적는 거야.
그리고 알파벳들을 다음처럼
세 가지 형태로 배열하는 거지.

A	B	C	D	E		A	I	L	T	W		A	X	Q	O	H
F	G	H	I	J		S	V	E	H	K		R	K	I	B	Y
K	L	M	N	O		G	O	R	U	D		J	G	U	S	L
P	Q	R	S	T		Y	C	F	N	Q		V	T	M	F	D
U	V	W	X	Y		M	P	X	B	J		N	G	E	W	P

그러고서
이런 **명제**를
세우는 거야.
① 위 세 배열에서
각 행과 열은

모두 '직선'이다.

② 점의 쌍은

두 쌍이

열에 위치하고

(두 쌍이 행에 위치해도 된다)

만약

각 점 사이의

단계가

동일하다면

서로 '합동'이다.

A	B	C	D	E	A	I	L	T	W	A	X	Q	O	H
F	G	H	I	J	S	V	E	H	K	R	K	I	B	Y
K	L	M	N	O	G	O	R	U	D	J	G	U	S	L
P	Q	R	S	T	Y	C	F	N	Q	V	T	M	F	D
U	V	W	X	Y	M	P	X	B	J	N	G	E	W	P

따라서,

AB는 HI와 합동이고

QS는 MX와 합동이야.

(QS는 **첫 번째** 배열에 속한

열에 있고

MX는 **두 번째** 배열에 속한

열에 있어도 합동이다.)

그리고

AK는 WD와 합동이지.

하지만

AB는 GI와

합동이 **아니야**.

AB와 TP가
합동이라는 사실도
명심해야 해.
왜냐하면
(첫 번째 배열에서)
T부터 P까지 가는 단계가 같기 때문이지.
한 열의 끝까지 간 다음에는
펄쩍 뛰어서 같은 열(아니면 같은 행)의
처음으로 간 뒤에
다시 계속해서
세어나갈 수 있는 거야.

AB는 AF와 합동이 아니라는
사실도 주목해야 해.
AB는 열을 만들고
AF는 행을 만드니까 그런 거야.
159쪽 ②번에 따르면
두 쌍 모두 열에 있거나
행에 있을 때만
합동이지,
한 쌍은 열에 있고
한 쌍은 행에 있을 때는
합동이 아니야.
유한기하학에서 '합동'이라는 말은
유클리드 기하학과 달리
'서로 같다'라는 의미가
아니라는 것도 명심해야 해.
유클리드 기하학에서 합동은
'거리'를 포함하기 때문에

두 선분이
완벽하게 겹칠 때에만
합동이라고 할 수 있어.
하지만 유한기하학에서는
'거리'나 '겹침'은
전혀 문제가 되지 않아.
그저 몇 단계를 거치느냐만
중요해.

유한기하학에서는
'직선'도
유클리드 기하학과는
의미가 달라.
여기서 직선은
어떤 열이나 행이라는 것만 의미해.
다음 그림처럼

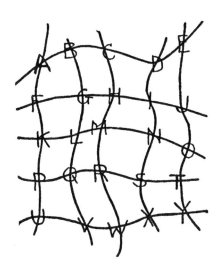

알파벳을 배열해보면
그 차이를
분명하게
알 수 있을 거야.
이제 확실히
당신은 ABCDE를
직선이라고 불러도
전혀 불편하지
않을 거야.
왜냐고?
그게 바로
'유한기하학의 규칙'이기 때문이지.
158쪽 ①번을 참고해!

그리고 이제부터는
공유하는 점이
하나도 없는 두 직선을
서로 '평행'이라고 하자고.
이거야말로,
'평행'이라는 말을
진짜 멋지게 사용한 예 아니겠어?
아무튼 이 정의대로라면
KLMNO는 FGHIJ하고 평행이야.
왜냐하면 KLMNO하고 FGHIJ에는
일치하는 글자가 하나도 없으니까.
하지만
ABCDE는 BGLQV하고
평행이 아니야.
둘 다 B가 있으니까.

여기서는 물론
'충분히' 연장하면
두 직선이 만난다는 사실은
고려할 필요가 없어.
왜냐하면 여기서는
늘릴 수 있는 가능성 자체가 없거든.
여기 나온 점들 너머로는
아무것도 없으니까.
기하학을 이루는 모든 점을
한 눈에 볼 수 있는 거지.
다음 그림처럼 말이야.

유클리드 기하학에서는
'평행'인 두 직선은
공유하는 점이
없을 뿐 아니라

두 직선의
'모든 곳의 거리가 똑같아야 해.'
하지만 유한기하학에서는
'거리'가 아무 의미 없다는 걸
명심해야 해.
'평행'의 두 번째 조건이 필요 없기 때문에
BGLQV와 EJOTY 같은
두 직선을
평행이라고 해도
전혀 문제될 것이 없는 거지.

다시 말해서,
수학자가 새로운 체계를
만들 때 사용하는
방법
한 가지는
친숙한 구세계에서
'평행' 같은 개념을
가져와
다양한 특성을 검토한 뒤에
몇 가지는 취하고
몇 가지는 버린 다음에
과거와는 완전히
단절하지는 않으면서도
새로운 자유를
구축하는 것이지.

어쩌면 보통 씨가 알아야 할 게 있는지도 모르겠어.
새로운 걸

찾을 때
앞으로 나가는 방법 말이야.
그건 과거와 완전히 단절하지는 말고
과거를 다듬고 변형해서
필요에 맞게 활용하는 거야.
한 가지 추론을
바꾼 것만으로도
전적으로 다른 기하학을 발견했다는 걸
기억해야 해(146쪽을 참고해!).

자, 그럼
이 새로운 기하학에서는
삼각형을 어떻게 만드는지 보자고.
예를 들어
H, L, R이라는 세 점이
삼각형을 만든다고 하자.
그렇다면 당연히 꼭짓점은 H, L, R이야.
삼각형의 세 변은
HL, LR, HR이야.
그런데 선분이 직선이 되려면
사선이 아니라
가로 열이나 세로 행의
형태를 취해야 하기 때문에
선분 HL은 159쪽에 있는
세 번째 배열에서 찾을 수 있고,
선분 LR은 **두 번째** 배열에서
선분 HR은 **첫 번째** 배열에서 찾을 수 있어.
따라서 이 삼각형은
피카소의 〈아를르의 여인〉에 나오는

여자처럼 산산이
부서진 형태를 띠게 되지.
그런데 공교롭게도
선분 HL, LR, HR은
모두 합동이야.
(왜냐하면 세 선분 모두 행에 있고
두 단계로 이루어져 있기 때문이지.)
따라서 이 삼각형은 등변삼각형이야.
삼각형 ABJ는 이등변삼각형이지만
등변삼각형은 아니야.
삼각형 AST도 그렇지.

유한기하학에서는 원도
어느 한 점을 중심으로 잡은 뒤
그 점을 중심으로
서로 합동인 점들의
집합이라고 정의해.
따라서
점 A를 중심이라고 하고
AB를 반지름이라고 하면
점 B, E, I, W, X, H는
모두 원을 이루는 점이지.
왜냐하면 AB, AE, AI, AW, AX, AH는
모두 합동이거든.
그러니까 이 원의
원주를 이루는 점은
여섯 개밖에 없는 거야.

이쯤이면

```
A B C D E │ A I L T W │ A X Q O H
F G H I J │ S V E H K │ R K I B Y
K L M N O │ G O R U D │ J G U S L
P Q R S T │ Y C F N Q │ V T M F D
U V W X Y │ M P X B J │ N G E W P
```

이 소박한 기하학이 이렇게나 간단한데도
유클리드 기하학의 공준은
거의 조금도
필요가 없다는 사실에
깜짝 놀랐을 거야.
하지만
유클리드 기하학의 정리는
여기서도 많이 적용돼.
예를 들어,
한 삼각형의 세 높이가
한 점으로 모이면
세 변을 이등변하는
수선도 한 점으로 모이고
중선도 한 점으로 모이지.
그리고
중선의 공점은
수선의 공점과 높이의 공점이
지나는 선분 위에 있는데,
중선의 공점이 이 선분을
2 대 1의 비율로 나누는 건
유클리드 기하학과 같아.

유클리드 기하학과 같은 특징은 더 있어.

한 사변형의 두 변이
합동이고 평행이라면
다른 두 변도 그렇지.
평행사변형의 대각선은
서로를 이등분하고,
마름모의 대각선은
직각이야.
원을 이루는 점들은
각각 하나, 단 하나의 '접선'이 있어.
(그러니까,
일반적인 원처럼
한 점을 지나면서 원에 접하는 직선은
하나뿐인 거지.)

실제로
원뿔곡선론은 여기서
거의 대부분 적용할 수 있어.
그 밖에도 예는 얼마든지 있지.

어쩌면 아직도 '그게 뭐?'
라고 말하는 회의론자들이 있을지도 모르겠어.
그런 사람들에게는
이런 말을 들려주지.
① 사실 이 유한기하학은
대수랑 정수론의
특정 문제를 풀기 위해
탄생한 거라고!
(이 봐, 회의론자 양반.
아무 거나 함부로

쓸모없다고 하면 안 되지.
쓸모없다고 생각하는 건
당신이 모르기 때문일 수도
있으니까.)
② 유한기하학은
도형을 활용하지 않고
오직 논리로만
개발한 학문임을 명심해야 해.
따라서 앞에서 본 것처럼(165쪽 참고)
유한기하학에서 삼각형은
아주 기이하게 생겨서
전혀 삼각형처럼 보이지 않아.
(완전히 공중분해 되어 있지.)
다른 도형도 마찬가지야.
이 모든 것이
오래된 편견 없이 관계들을
조명해볼 수 있게 도와주지.
그리고 기하학은 정말로
논리의 영역이지
도형의 영역이 **아니라는 걸**
깨닫게 해줘.

명심할 것! 피상적인 겉모습에
　　　　속지 말자.
　　　　명확한 머리로
　　　　그 너머를 보고
　　　　아주 오래된 프로파간다의 뒤에
　　　　무엇이 있는지 찾아내야 해.
　　　　그 때문에

아주 괴상하고
'완전히 분해되어 있는'
현대적인 무엇을
찾을 수도 있어.
하지만 그렇다고
두려워하면 안 돼.
아주 깊숙이 자리 잡은
편견은 기이한 새로움보다
훨씬 나쁠 수 있으니까.

·16·

2 더하기 2는 4가 아닐 수도 있다!

지금쯤이면 당신은
아주 현대적이 되어서
괴상하게 공중분해된
삼각형이나 원이
더는 이상하게 느껴지지 않을 거야.
어쩌면 그런 괴상한 도형도
어느 정도 장점을 가지고 있다는 걸
인정하고 있을지도 모르겠어.
하지만
'2 더하기 2는 4가 아니라고'??
이건 좀 받아들이기 힘들 것 같군.

우리, 이 점을 분명히 해보자고.
앞에서 말했듯이
기하학을 발전시키는
한 가지 방법은
'평행'처럼
기존에 있던 익숙한 용어를 택해서
말랑말랑해질 때까지
조물조물 주물러서
새로운 의미를 만들어내는 거야.
(164쪽을 참고해.)

그리고 아마 아직 깨닫지는
못했겠지만
당신은 이미 대수에서도
비슷한 경험을 했어.
예를 들어,
중학교 1학년 때
대수 수업을 받을 때
산수에서 사용하는
평범한 '양수'와는 구별되는
'음수'를
처음 알게 된 거 같은 경험 말이야.

따라서 직선에 점을 찍고
숫자를 적어보면
양수는 0을 기준으로
오른쪽에 적고,
새로 배운 음수는
왼쪽에 적을 수 있어.

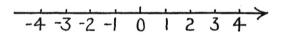

그러니까 대수는
산수에서는 전혀 쓰지 않았던
전혀 새로운 수 집합을
소개한 거야.
그리고 이 새로운 수들은
원래 있던 수들만큼이나
'실용적'이라는 사실은

분명히 알 수 있을 거야.
예를 들어,
영하 5도(-5°)라는 기온도
영상 5도(5°)라는 기온만큼이나
'현실적'인 온도라고.
버드 소장한테 물어보라니까. *
빚이 50달러(-50달러)라는 사실도
'현실적'인 금액이야.
주머니에 50달러가 있는 것만큼 즐겁지는 않겠지만.
빚이 있는 사람한테
한번 물어보라니까!

이 새로운 숫자를
'더하는 것'과
'곱하는 것'에 어떤 의미가 있는지를
익혀야 했던 거
기억하지?

아마도 그때 새롭게 세운
정의들을 기억할 테고,
동시에 그런 정의들을
얼마나 이상하게 여겼는지도
기억날 거야.
양수에 음수를
더하는 규칙은 이랬지.

* 윌리엄 버드 소장. 1888~1957년.
최초로 남극점까지 비행한 미국 탐험가로
남극 탐험에 나섰다가 사망했다. —옮긴이

'두 수의 차를 구해서 나온
결과에 두 수 중에 큰 수의
부호를 붙인다.'
이걸 평범한 말로 표현해보자고.
만약에 −5달러에 3달러를
'더하면'
그 답은 −2달러야.
왜냐하면
5달러를 **갚아야 하고**(−5달러)
3달러를 **가지고 있는데**(3달러)
잔액을 계정하고
싶어서
빚을 갚는다고 해도
여전히 **갚을 빚이** 2달러 남기 때문이지.
다시 말해서
'더하기'는 '잔액 계정'을
의미해.
그러니까 무언가를 '더할' 때
가끔 '빼기'를 한다고 해도
전혀 고민할
필요가 없는 거야.
중학교에서 어린 친구들이
그렇게 말하는 걸 들어봤을 거야!
실제로 대수에서 '더하기'라는
의미로 사용하는 개념이
산수에서는 '빼기' 개념일 때도
있는 거지.
하지만 대수에서의 '더하기' 개념이
산수에서의 '빼기' 개념과

동일한 의미가 아니라는 사실을
분명하게 깨닫는다면
전혀 혼란스럽지 않을 거야.
그러니까,
앞에서도 말한 것처럼
발전을 위해서
수학에서 쓰는
단어의 의미를 바꾸는 건
이미 경험해본 적이
있는 거지.

그런데 혹시
기초적인 물리학을
조금 아는 사람은
'더하기'에는 또 다른 의미가
있다는 것도 알 거야.
예를 들어
아래 그림처럼
2N(뉴턴)의 힘이
왼쪽에서 오른쪽으로
물체 A에 작용한다고 생각해봐.

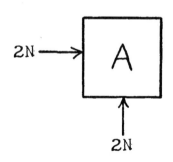

또 다른 2N의 힘은
아래에서 위로 물체 A에 작용해.
문제는
실제로
물체 A는 어느 방향으로
얼마만큼의 힘을 받아
움직일 것인가, 라고.

고등학교를 나온 사람이라면
이런 문제는
'힘의 평행사변형법'을
이용하면 풀 수 있다는 걸
기억할 거야.
먼저 주어진 두 힘의
크기와 방향을 나타내는
두 선 BD와 BE를 그리면 돼.
이렇게 말이야.

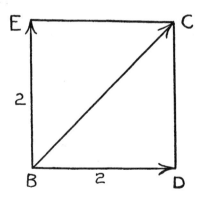

그리고 그 두 선이
평행사변형이 되도록

두 선 DC와 EC를 그려.
이때 점 B와 점 C를 잇는
선분 BC는 주어진 두 힘의
'합력'이야.
또한
삼각형 BDC를 이용하면
BC의 길이를 쉽게 구할 수 있어.
이 경우 BC의 길이는
2.83N이지.
자, 여기서도
2 더하기 2는 4가 아니지?
그런데
각 B의 크기가
90°가 아니라면
2 더하기 2는 2.83도 아니야.
다른 값이 나올 거야.
따라서
물리학에서 힘을 '더하려면'
반드시 두 힘 사이의 각을
고려해야 해.
두 힘 사이의 각이 다르면
2 더하기 2의 값은 달라지거든.
하지만 이런 계산법 때문에
당혹스럽거나 하진
않지?
완벽하게 논리적인
방법이니까, 안 그래?
이제
수학에서는

유용한 추론을 마음껏
만들어 쓸 수 있다는 사실을
좀 더 잘 알게 됐지?
단, 추론들이 서로 모순이면
절대 안 되지만 말이야.
이런 방법으로
수많은 대수와 수많은 기하학을
만들 수 있고,
실제로도 만들어왔다는 걸
알았을 거야.
그중에는 정말 이 방법을
기가 막히게 적용한 경우도 있어.
예를 들어,
(논리를 사용하는) 불대수*가 그래.
불대수를 이용하면
법률문서도
불대수에서 사용하는
'대수함수' 형태로
바꾸어
일관성을
점검할 수 있고,
불대수의 조작법을
이 표현법에 적용할 수 있어.
하지만 일상적인 '현실 생활'에서
생각을 분명하게 하는
도구로 불대수를 사용하는 것에는
아직 이견이 있어.

* 불대수는 1850년에 불(조지 불, 1815~1864년)이 처음 고안했다.

이제부터 당신이
아는 대수가 아니라
전혀 다른 대수를 소개하려고
하버드 대학교
E. V. 헌팅턴 교수가
만든
간단한 **유한대수**부터
이야기해줄 거야.
이 간단한 새 대수의 **공준**은
평범한 대수의 공준과
거의 다르지 않아.
딱 하나만 빼고 말이야!
그리고 이 대수에는
숫자가 **아홉 개**밖에 없어.
0, 1, 2, 3, 4, 5, 6, 7, 8 말이야.
그리고 말이야,
이 숫자들을 다른 숫자들처럼
그저 평범한 숫자라고 생각하면 안 돼.
특정한 규칙대로
조작할 수 있는
상징 아홉 개라고
생각하는 게 맞을 거야.
집에서 새로운 게임을 할 때
규칙을 새로 배우는 것처럼 말이야.

여기 어떤 수가 되었건
두 수가 만드는
'합'와 '곱'의 결과를
각각 보여주는

표가 두 개 있어.

합 표

	0	1	2	3	4	5	6	7	8
0	0	1	2	3	4	5	6	7	8
1	1	2	0	4	5	3	7	8	6
2	2	0	1	5	3	4	8	6	7
3	3	4	5	6	7	8	0	1	2
4	4	5	3	7	8	6	1	2	0
5	5	3	4	8	6	7	2	0	1
6	6	7	8	0	1	2	3	4	5
7	7	8	6	1	2	0	4	5	3
8	8	6	7	2	0	1	5	3	4

곱 표

	0	1	2	3	4	5	6	7	8
0	0	0	0	0	0	0	0	0	0
1	0	1	2	3	4	5	6	7	8
2	0	2	1	6	8	7	3	5	4
3	0	3	6	4	7	1	8	2	5
4	0	4	8	7	2	3	5	6	1
5	0	5	7	1	3	8	2	4	6
6	0	6	3	8	5	2	4	1	7
7	0	7	5	2	6	4	1	8	3
8	0	8	4	5	1	6	7	3	2

합 표를 보면 알겠지만 합은

$2+2=1$

$7+1=8$

과 같은 식으로 계산해

곱 표는

$5 \times 7 = 4$

$2 \times 2 = 1$

$8 \times 0 = 0$

같은 식으로 계산하고.

여기서 흥미로운 건

기하학처럼

대수도

여러 개가 있을 수 있다는

기본 생각이지.

2 더하기 2는

어떤 대수 문제이냐에 따라

4가 될 수도 있고

4가 아닐 수도 있어.

대수나 기하학은

모두

사람이 만든 거야.

그러니까

무엇보다 뛰어난

절대적인 건 없는 거야.

그리고 **절대** 진리를

표상하는 것도 없는 거야.

하지만

그중에 전부가, 혹은 많은 것들이

엄청나게 유용하기는 해.

절대 진리는

아직 발견하지 못했고

어쩌면 영원히 발견할 수

없을지도 몰라.

하지만,
사람은, 생각할 수 있는
능력을 가지고
혼자서도
잘해나갈 수 있을 거야.
그 능력을 쓰기만 한다면 말이야!
물론 그렇다고
신에게 이렇게 말하라는 의미는 아니야.
"이봐요, 난 당신만큼 뛰어나요.
당신이 없어도 충분히 잘할 수 있어요.
내 논리력만 있으면
나 혼자서도 잘 먹고 잘 살 수 있어요!"

아니, 그건 천만의 말씀이야.

우리가 주장하는 건
그와는 반대로,
사람은 신처럼
뛰어나지 않기 때문에
영원히 **절대** 진리를
절대로 찾을 수 없을지도 모른다는 거야.

여기서 강조하는 건
오만하지 말고
겸손하라는 거라고!

사람에게 있는 건
사람의 이성이지
신의 이성은 **아니야.**

그러니까
자신이 가진 능력을
최대한 사용해
가장 훌륭한 결과를
이끌어내야지
자신이 **절대** 진리를 '안다고'
으스대면 절대 안 되는 거야.

명심할 것! 1부 7장 마지막에서
　　　　쥐가 아니라 사람이
　　　　되라고 했었지?
　　　　또 하나 말할 게 있어.
　　　　사람이 되어라!
　　　　신이 된 것처럼 굴지 말고.
　　　　다시 말해서, 보통 씨,
　　　　'자기 자신이 되어야 해.'

추상 – 현대 양식

84쪽에서
추상화가 중요하다고 했던 걸
기억하지?
그리고 **현대인**이 수행하는
추상화는 앞으로
좀 더 이야기할 거라고
약속했던 것도 기억나지?

지금까지
이상하고 새로운
대수와 기하학을
살펴봤으니까
이제 더 추상적인 체계를
즐길 준비가 되었을 거야.
지금부터는
점이나 수가 아니라
네 가지 '대상'을
성분으로 사용 거야.
'분필', '빨간색', '의자', '책상'이 그 대상이지.
이 가운데 두 성분을 택해
얻을 수 있는 합과 곱의
결과는

다음에 나오는 표와 같아.

합 표

	분필	빨간색	의자	책상
분필	분필	빨간색	의자	책상
빨간색	빨간색	의자	책상	분필
의자	의자	책상	분필	빨간색
책상	책상	분필	빨간색	의자

곱 표

	분필	빨간색	의자	책상
분필	분필	분필	분필	분필
빨간색	분필	빨간색	의자	책상
의자	분필	의자	분필	의자
책상	분필	책상	의자	빨간색

따라서 의자 더하기 빨간색은 책상이고
빨간색 곱하기 분필은 분필이고,
나머지는 결과대로야.

당연히 여기에 나오는
분필, 빨간색, 합, 곱 같은
단어에는 일반적으로 쓰이는 의미는 없어.
이 성분들은 우리가 정한
규칙이나 조건에 따라
그 의미가 달라질 거야.

독자가 혼란스럽지 않도록

추상적인 더하기와 곱하기는
경우에 따라서는
$\oplus$와 $\otimes$로 표시하기도 해.
원으로 감싸지 않고 그냥
$+$와 $\times$로 표시하는
일반적인 더하기와 곱하기와
구별하려고
말이야.
물론 $\oplus$와 $\otimes$에는
특별히 정해진
의미가 없기 때문에
현대 수학자들은
어떤 체계든지
발명하고 **개발**할 수 있는
엄청난 **자유**를 누릴 수 있지.
그리고 그런 체계 중에는
명확한 문제에
적용하면
엄청나게 실용적인 가치를
발휘한다고 알려진 것들도 있어.

하지만 수학자의 역할은
이런 체계들을 즉시
추상적인 형태로 바꾸어
필요할 때는 언제라도
사용할 수 있게 하는 거야.
그리고 이제 알게 되겠지만
수학에서 중요하게 나타나는
현대적 경향은

점점 더
추상적이 되어 간다는 거야.
그리고 또 한 가지,
수학의 추상화가
자유와 **힘**의 근원이라는 것도 알 게 될 거야.

20장에서는
추상화라는
현대 경향 덕분에
현대 예술도
생기를 얻고 풍요롭게
된다는 사실을 알게 될 거야.

명심할 것! 현대인이 되자!
추상의 가치를
알아야 한다.

18

4차원

당신은 이렇게 말할 거야.
"좋아, 세상에는
다양한 추론으로 시작해
기존 단어에 새로운 의미를
부여하는
기하학과 대수가
아주 많다는 건
기꺼이 인정하겠어.
하지만 여전히
절대 진리는
있는 거 같단 말이야.
'2 더하기 2는 4'라는 예는
예전에 생각했던 것만큼은
아주 좋은 예가
아니라는 건 인정해.
하지만 실제 물리 세계에서는
어떨까?
확실히 물리 세계에서는 우리가 원하는 대로
아무렇게나 가정을 세울 순 없어.
왜냐하면 물리 세계에서는
명확한 수학적 사고에
지배를 받을 뿐 아니라
—수학적 사고를 막는 건 단 하나

자가당착뿐이야—
여전히 내가
절대 진리라고 믿는
객관적 사실에도
지배를 받기 때문이지.

그런데, 상당히 교육을 많이 받은
보통 씨는
이렇게 말할 수도 있을 거야.
"예를 들어 우리가
K씨라고 부르는
한 사람이 있다고 하자.
K씨는 점 O부터 점 A까지의
길이를 알고 싶어 해.

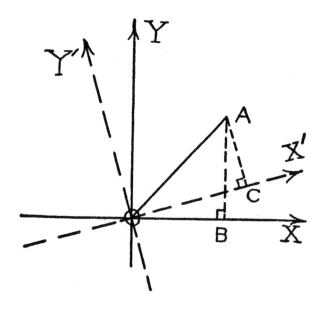

그런데 몇 가지 이유로

그 길이를 직접 잴 수가 없어서

간접적으로 그 길이를 재야 해.

X축과 Y축을 사용하고

선분 OB와 선분 AB를 이용해서 말이야.

(삼각함수 문제에서는

흔히 그렇게 하잖아.)

선분 OA의 길이는

피타고라스의 정리로 구할 수 있어.

$$OA = \sqrt{(OB)^2 + (AB)^2}$$

그런데

다른 관측자인 K′씨가

X′축과 Y′축을 사용하는 게

더 편하다는 사실을 알아냈어.

K′씨는 선분 OC와 선분 AC의 길이를 측정해서

(K씨는 선분 OB와 선분 AB를 측정했지)

$OA = \sqrt{(OC)^2 + (AC)^2}$ 을 이용해서

선분 OA의 길이를 구했어.

여기서 명심해야 할 건

K씨와 K′씨는

서로 **다른 측정방법**을 선택했지만

같은 결과를

얻었다는 거야!

그리고……," 1부 내용에

진짜 감명을 받은

보통 씨는 계속해서

이렇게 말하겠지

"…… 말이야,

K″씨가

아주, 아주
개인주의가 강한 신사라면
아래 그림처럼
X"랑 Y"를 활용하려고 할 거야.

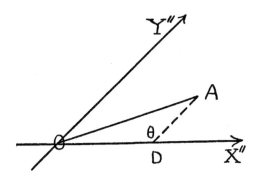

이 K"씨도 선분 OA의 길이를 구할 수 있어.
(선분 OD와 선분 AD를 측정해야겠지만 말이야)
이번에도 유명한
삼각함수 공식을 써야 해. 바로

$$AO = \sqrt{(OD)^2 + (AD)^2 - 2(OD)(AD)\cos\theta}$$

이지. 그리고 **결과는 또 똑같아!**
그래서 난 이런 결론을 내렸어.
K씨건 K′씨건 K″씨건
아무리 개인주의가 강한 사람들이라고 해도
'서로 협력할 수 있다'는 거야.
왜냐하면 결과에는 동의할 수 있으니까.
이 문제에서는
내가 객관적인 사실이라고 믿는
선분 OA의 길이처럼 말이야.

내가 **선린외교정책***이
성공할 수 있다고 믿는 것도
같은 이유 때문이지.
아무리 개인주의가 강한
다양한 사람들이라고 해도
특별한 **진리**에는
동의할 수 있으니까 말이야."

음, 보통 씨,
우린 당신이 하는 말에
거의 대부분 동의할 수 있거든.
하지만
사람은 아직 '절대 진리'를
알지 못하고,
아마 앞으로도 알 수도 없을 거라는
주장은 굽히지 않을 거야.
하지만
선린외교정책이 성공할 수 있다는
당신 생각은
아주 마음에 들어.
우리 입장을
제대로 설명하려면
살짝 방향을 틀어서
'차원'이라고 알려진 걸
살펴봐야 할 거 같아.

* 1933년 루즈벨트 대통령이
중남미를 대상으로 제창한 정책—옮긴이

잘 알고 있듯이
평면 위의 한 점은
한 쌍의 수로 표현할 수 있어.

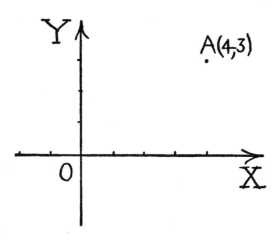

그림에서 점 A는 (4, 3)으로 적을 수 있어.
왜냐하면 이 점은 원점을 기준으로
오른쪽으로 네 칸
위로 세 칸 간 위치에 있기 때문이지.
평면 위에 있는 점들은
모두 이런 식으로 표시할 수 있어.
그렇기 때문에 이 평면을
'2차원 공간'이라고 하지.
지구의 표면에 있는 점도
두 수로 그 위치를
표시할 수 있다는 것도 기억해둬.
다시 말해서
위도와 경도로 말이야.

그러니까
지구의 **표면**도
2차원 공간인 거야.
표면이라면,
어떤 도형의 표면이건 간에
마찬가지야.
이제는 알게 되었겠지만
한 점을 세 수로
표시해야 한다면, 그건
3차원 공간이야.
예를 들어, 우리가 사는
실제 세계에서 한 점을
표시하려면
위도, 경도, 고도가
필요해.

그런데 여기서 주목해야 할
아주 중요한 생각이 있어.
앞에서 우리는
한 '점'의 위치를
표시하는 방법을 이야기했잖아.
'점'이 아니라 다른
'성분'의 위치를
나타내려면 어떻게 해야 할까?
'원' 같은 성분 말이야.
중심도 다양하고
크기도 다른
수많은 원들로
가득 찬 공간을

떠올려 보자고.
이 공간에서
'차원'을
이야기하려면
일단 다음과 같은
과정을 따라야 해.
먼저 평범한
유클리드 평면을 택해서

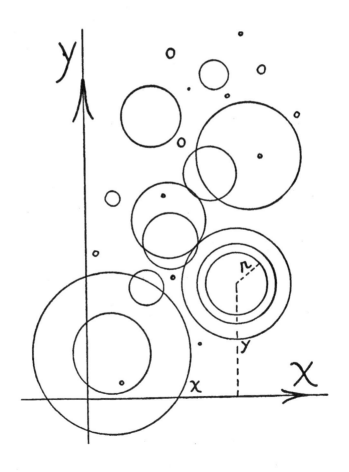

점이 아니라 원이

그 평면을 덮고 있다고 생각해야 해.

위에서 말한 대로 말이야.

이제, 어떤 원이든

위치를 나타내려면

먼저 알아야 될 걸 알려줄게.

바로 원의 중심이야.

원의 중심은 두 수로 표시하지.

그리고

이 특별한 원을

중심은 같지만

크기가 다른 모든 원들과

구분하려면

세 번째 수를

적어야 해.

바로, 반지름 말이야.

따라서, 이런 관점에서 보면

평범한 유클리드 평면은

3차원인 거야!

마찬가지로

우리가 살아가는 평범한

'3차원' 세상은

'성분'을 점이 아니라

구로 바꾸면

4차원 세상인 거지.

따라서 한 공간의

'차원'은

어떤 성분을 선택하느냐에 따라 달라져.

어떤 성분인지를 구체적으로 명시하면

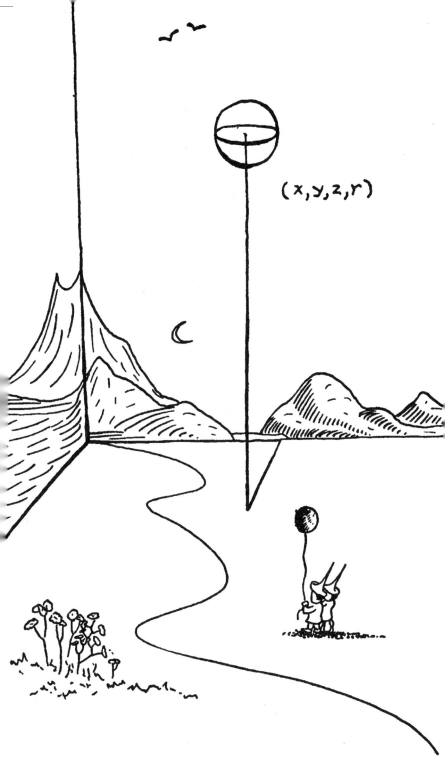

(x,y,z,r)

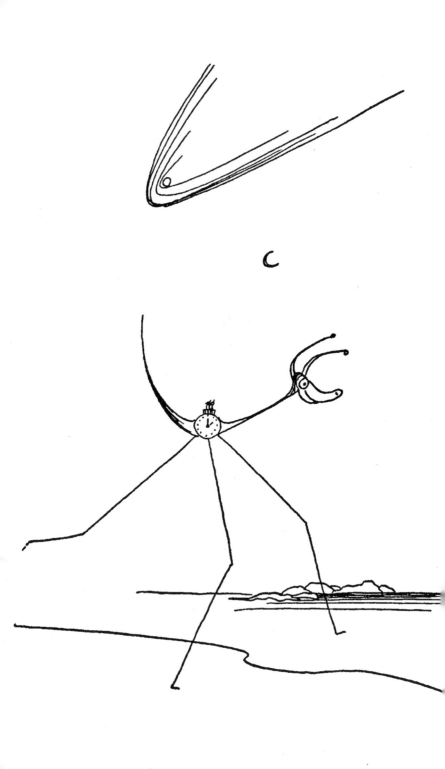

당연히
혼동할 염려는 없지.

현대 물리학에서는
물리 현상을
기술할 때 성분을
'점'이 아니라 '사건'으로
정하면 편리하다는 걸 알았어.
물리학에서
사건을
기술할 때는 언제나
위도, 경도, 고도, 그리고
사건이 발생한 시간이라는
네 가지 수를 표시해야 해.
따라서 혼란을 느끼거나
어리둥절해할 필요도 없이
우리는
4차원 세상에서
산다고 말해도 되는 거야.

그럼 이제부터 이 개념이
18장이 시작될 때
말한 내용과 어떤 관계가 있는지 살펴보자고.

19

준비성

앞에서 이미 본 것처럼

(193쪽 참고)

직사각형 축을 사용하는

유클리드 평면에서

한 선분의 길이는

$$d = \sqrt{x^2 + y^2}$$

이라는 공식을 이용하면 구할 수 있어.

마찬가지로

3차원인

유클리드 공간에서는

x는 선분 OB, y는 선분 BC, z는 선분 AC일 때

$$d = \sqrt{x^2 + y^2 + z^2}$$ 으로 구할 수 있어.

(205쪽 그림 참고)

이 3차원 공간에서

z 없이

$x^2 + y^2$만 구하면

더는 같은

직각 축에 위치하지

않는다는 사실을

명심해야 해.

따라서, 축을 바꾸는 대신

선분 OA를

선분 OA′처럼

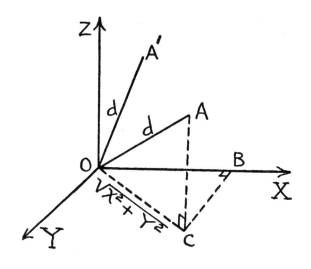

새로운 자리로 옮기면

$\sqrt{x^2+y^2}$(또는 $\sqrt{(x')^2+(y')^2}$)은

단순히

선분 OA(또는 선분 OA′)를

'투영'한 것이거나 '그림자'

일뿐임을 알 수 있지.

그리고 당연히

한 물체의 **그림자**는

물체의 길이를

바꾸지 않고

자리를 이동하면

길이가 **변할 수** 있어.

이런 일은

현대 물리에서도

일어나.

만약에
우리가 사는 4차원 세계에서
두 **사건**
O와 A의 (두 **점** O와 A가 아니라)
'간격'을 구할 때
$\sqrt{x^2+y^2+z^2+r^2}$ 값은
항상 일정하고,
r은
네 번째 숫자인
시간을 의미해(203쪽 참고).
하지만
$\sqrt{x^2+y^2+z^2}$ 의 값은
더는 일정하지 않아.
$\sqrt{x^2+y^2}$ 이
2차원에서 3차원으로 이동하면
일정하지 않은 것처럼 말이야.
(204쪽 참고)

이런 상황을 일상어로 바꾸면
이렇게 말할 수 있어.
두 관찰자 K씨와 K′씨가
한 물체에 대해
서로 다른 일정한 속도로
움직이고 있다면
두 사람이 보는 그 물체의
길이는 서로 **같지 않아.**
왜냐하면 물체의 길이는
4차원의 '간격'을
3차원적으로

'투영'한 것이거나 '그림자'일

뿐이기 때문이지.

(205쪽과 206쪽을 참고해)

보통 씨는 이렇게 말할지도 모르겠어.

"음, 시작은

조금 미심쩍었어.

하지만

그대들이 보여준

공식을 보니

당신들 말이 옳다는 걸 알겠어.

하지만, 결국

196쪽에서 제시한 문제로

되돌아가면

당신들이 진짜로 한 일은

그저 현대 물리학에서는

한 물체의 길이는

관찰자에 따라 달라진다고,

더는 물체의 길이는 절대로 바뀌지 않는다는 것은

사실이 아니라고

말한 것뿐이잖아.

(그건 아인슈타인이 이미 말한 거라고!)

하지만 어쨌거나

당신들이 말하는 4차원 '간격'은

K씨한테나 K′씨한테나

똑같이

$\sqrt{x^2+y^2+z^2+r^2}$ 지.

그렇다면 **이제** 이 공식이

$\sqrt{x^2+y^2+z^2}$ 를

대신하는
객관적 사실이 된 거지.
하지만 여전히
원리는 동일해.
세상에는 물리적 사실이 **존재하고**
우리는 그 진리를
점차 찾아내고 있다는 거."

우리가 보기에 말이야, 보통 씨,
당신은 영리하긴 하지만
19세기 사고방식에 갇혀 있어.
왜냐하면,
20세기 현대 물리학자는
이제
자신이 찾아낸 '사실'은
모두 잠정적이라는 걸 깨달았거든.
물리적 사실은
당대의 모든 실험과
관찰을
토대로 얻은
최상의 지식을 반영하는 거야.
하지만 현대 물리학자는
관찰이란 아무리 정확하다고 해도
그건 사람의 관찰이라
사람의 감각과
생각에
제한을 받기 때문에
'사실'이라고
규정할 수 없다는 걸 잘 알지.

그래서 아인슈타인은 이렇게 말한 거야.
"알레스 바스 비어 마헨 이스트 팔슈
(Alles was wir machen ist falsch)."
"우리가 만든 건 모두 가짜야!"라는 뜻이야.

그럼 그런 사실을 알아내는 게 무슨 소용이 있냐고?

그에 대해서는 명확하게 답을 할 수 있지.
"푸딩이 있다는 증거는
먹는다는 데 있다!"
다시 말해서
우리의 과학이 우리를
이 복잡한 세상에서
좀 더 쉽게 문제를 해결할 수 있게 해준다면,
아무리 과학이
'회계 장부를 기록하는 법'이라거나
단순한 '연상기호'에
지나지 않는다고 해도
과학은 우리가 한
다양한 관찰들이 상호작용해
최소한 우리가
그 관찰들을 기억하게 돕고
더 잘 상상할 수 있게 해주지.
간단하게 말해서
현대 물리학자는
사람의 방식으로
세상을 관찰하고,
자신이 거듭해
관찰해 확신이 생기면

그 관찰 결과를 편리하게
물리학의 가정이라고
상정하고,
그런 다음에
사람의 논리를
활용해 그 가정들에서
특별한 결과를 도출해내지.
그리고 마침내,
자신이 논리로 도달한
결과들을 **관측할** 수
있는지를 보려고
더 많은 관찰을 하지.
만약 원하는 결과를 관측할 수 있다면
현대 물리학자는 자신의 이론을 좋다고 해.
하지만 앞으로 있을 **모든** 관찰 결과에
비추어 봤을 때도
언제나 좋을 거라는
망상은 하지 않아.
당연히 현대 물리학자는
자신이 예측한 대로 관찰 결과가 나오는 한
기분이 좋을 거야.
그런 만족을 느낀다고 해서
우리가 못마땅하게 생각하면 안 돼.
왜냐하면
과학자가 하는 예측을,
아인슈타인의 말처럼
다른 사람들의
예측과 비교해보면
물리학자가

거두는 커다란 성공에
감명을 받지 않을 수가
없으니까.
1916년에 아인슈타인이 예언을 하나 했어.
그건 뭐냐면
만약에 이러이러한 날에
(1916년의 어느 날이지)
이러이러한 장소에 가서
(아프리카의 어떤 곳이야)
카메라를 설치하고
별 사진을 찍으면
사진판에 나타나는
별들의 위치는
원래 위치와 아주 조금
(원호의 1.75초 정도)
다르다는 걸 알게 될 거라는 거지.
과학자들은
그 말대로 해봤고,
아인슈타인이 옳다는 걸 알았어.

만약 과학계 밖에 있는
누군가가 이만한 예측 능력을 발휘한다면
우리는 그 사람이
과학적 방법만큼이나
좋은 방법을 사용한다고 인정해야 할 거야.
하지만 우리가 굳이
이런 예측 능력은
큰 소리로 과학을 야유하고,
생각도 대충하는

시끄러운 연설가는
대적할 수 없다는 말은
할 필요도 없겠지.
그게 바로 우리가
과학 예측이야말로
설사 **절대 진리**는
아니라고 해도
가장 **명확하게 생각한**
결과물이라고
주장하는 이유지.

그리고
현대 물리학자는 더는
'객관적 사실'이라는 말을 하지 않아.
그 대신
'변화를 경험하는 불변자'라는 표현을 쓰지.
따라서
$\sqrt{x^2+y^2}$ 은
2차원인 유클리드 공간에서
회전하는 축을
경험하는 **불변자**인 거지.
하지만
3차원인 유클리드 공간에서
변하는 축을 경험하는
불변자는 **아닌** 거야.
(206쪽 참고)
이렇게 말하는 건
더욱 정확하기도 하지만
더욱 겸손한 말이기도

하다는 건
인정할 수밖에 없을 거야.

그리고
이런 식으로
과학자는 변할 준비를
만반에 갖추고 있지.
왜냐하면 새로운 내용을 관찰하거나
자신의 기본 생각을
다시 검토해봤을 때
새롭게 바뀌어야 한다는
결론을 내리면
과학자는 오래된 불변자를 버리고
새로운 불변자를 받아들여야 하기 때문이지.
그리고 불변자가
바뀔 수도 있는 상황에서
과학자는 그 변화를
두려워하지 않을 거야.
아인슈타인이
새로운 체계를 소개했을 때
19세기 물리학자들이 그랬던 것처럼 말이야.
그 덕분에 물리학자들은 현재
오래된 체계보다
훨씬 정확한
새로운 체계를
갖게 됐을 뿐 아니라
이 모든 것들의 결과로
자신들의 모든 활동을
훨씬 더 유익한 관점으로

보게 되었지.

명심할 것! 현대적 관점에는
아주 아주 유연한
마음과
기꺼이 변하려는 마음가짐이
필요해.
혼탁한 고정관념에서
벗어나
끊임없이
변하는 세계에
적응해야 해.

20

현대인들

그럼 이제 다시
토템 탑의 꼭대기 층으로 돌아가보자.
2 더하기 2가
4일 수도 있고 4가 아닐 수도 있는 곳 말이야.
삼각형도
피카소의 아가씨들처럼,
해체하는 곳.
간단하게 말해서
가장 현대적인
수학, 미술, 음악 등등을
발견할 수 있는 곳이지.

이제부터는
이렇게 **다른** 영역들에
어떤 **공통점**이 있는지 살펴보자고.
겉으로 보기에는
아주 다르게 보이지만
모두 **현대**를 만드는 요소들이지.

현대는 이런 경향을 가지고 있는 거 같아.

① 사람은 자신이 아주 **창조적인** 동물
이라는 사실을 깨닫기 시작했어.

훨씬 대담해진 사람은
자신이 머물던 활동영역을 벗어나
훨씬 먼 곳으로 모험을 떠나게 됐지.

② 당연히 이전보다
무수히 많은 다양성이
생겨났어.

③ 여러 곳을 돌아다니는 동안
사람은 뭔가 아주 **이상한** 것들을
발견했어.
그리고 낯선 것을 **그다지**
두려워하지 않아도 된다는 걸 알게 됐지.

④ 사람은 **추상적인** 것들에
점점 더 흥미를 느끼게 됐어.

이 작은 책을 읽으면서
수학을 접한 보통 씨가
알게 된 건 이런 것들이야.
하지만 곰곰이 생각해보면
현대 음악
현대 항공 산업
현대 미술처럼
모든 현대 영역에서
이런 특성이 나타난다는 걸
알게 될 거야.
이제는 이상하고
새로운 것들에

어느 정도 익숙해졌을 테고,
그것들을 좋아하게 되었을 테니까.
(그게 우리가 희망하는 거야!)
다음에 나오는 그림들을
당연히 경이롭고 감탄하는 마음으로
볼 거라고 믿어.
왜냐하면 현대 교육에는
현대인이 종사하는 다양한 분야에 대한
내용이 조금씩은 담겨 있기 때문이지.

이 그림들이
이상하게 해체되어
있을 거라고 예상할 거야.
하지만 이제는
현대가 가진 특징은
기이함이라는 걸 알 거야.
수학과 물리학조차도 말이야.

그리고 현대 예술이
그전 예술보다
엄청나게 다양하다는
사실을 알아도
놀라지 않을 거야.
오늘날 수학이
그전 수학보다
엄청나게 다양한 것처럼.

무엇보다도
우리가 73쪽에서 했던

충고를 명심해야 해.

우리가 보통 씨한테

맨 꼭대기 층 **사람들에게는,**

그 사람이 수학자이건 예술가이건 간에

"도대체 지금 하는 일이

무슨 실용적인 쓸모가 있소?"라거나

"그런 일이 평범한

사람들에게 무슨 소용이 있어요?"라는

질문은 하지 말라고 했던 거 말이야.

왜냐하면 앞에서 말한 것처럼

그 답은 아무도 모르니까!

맨 꼭대기에서 만들어내는 결과물은

자연 현상이야.

사람의 기록 가운데

가장 흥미로운 것이지.

하지만 만약 그 결과물들이

1층에 있는 장치로

돌아간다면

그 결과물들은

가장 흥미로운 것은

아닌 게 되지.

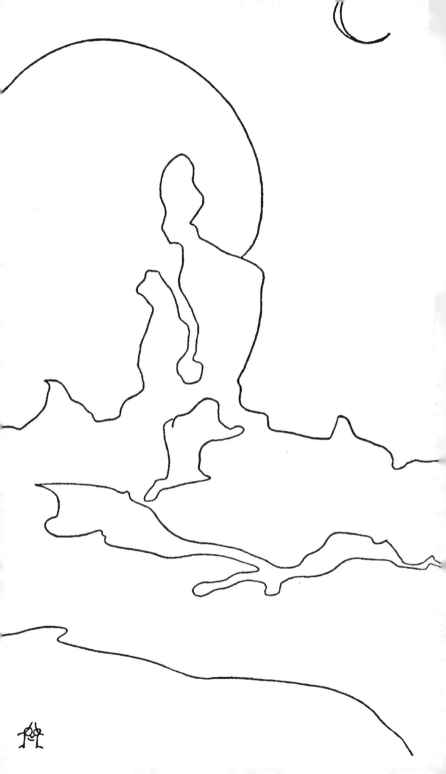

명심할 것!

다른 사람 의견에
동의는 할 수 있지만
다양한 관점이 있다는 걸
인정해야 해.
(18장과 19장)

다양한 관점을
비교해보지 않으면
불변자라는 말은
할 수조차 없어. (212쪽)
고립주의와 편협함을
우습게 만들고,
가장 중요한 본질을 형성하는
불변자를 말이야.

이런 불변자들은 다양한 관찰자들이
'평등한 권리와 평등한 성공'으로
이끌어냈을 거야. (194쪽 참고)
그런데 모든 관찰자에게
동등하게 관찰할 **권리가** 있다는 건
무슨 뜻일까?
그것은 **오직 최선**을 다하고
(엄격한 기준을 세워서)
가능한 정확하게
측정하고
(가장 뛰어난 실험실을

운영해)
명확하게 생각하고
(현대 수학자와 논리학자들이
세운 최상의 기준을 근거로)
그저 남을 조롱하는 행동은 하지 않는 것이지.

사람의 활동에는
겸손과 겸양
그리고 자기 신뢰라는 특징이 있어야 해. (185쪽)

사람의 지식은
일시적이기 때문에(208쪽)
사람은 반드시
변할 준비를 하고 있어야 해. (214쪽)

하지만 격동은 최소인 상태로
전진해야 해. (165쪽)
전통의 노예가 되면 안 되지만
전통은 존중해야지. (117쪽)

명확하게 생각하고
신중하게 관찰하는 것,
그것이 가장 '실용적인' 무기인 거지. (209쪽)

상식은
넓어지고 발전해야지
유치한 상태로
남으면 안 돼. (95쪽)

'인간의 본성'은
'악착같이 돈을 모으고',
'다른 사람의 숨통을 끊는 것'이 **아니야!**
사람은 훨씬 더
복잡하고 흥미로운 생명체라고!
(69쪽과 218쪽)

전쟁은 과학 때문에 일어나는 게 아니야.
(5장과 6장)

무정부 상태가 아니어도
자유를 누릴 수 있어. (178쪽)

사람이 성취하려면
반드시
민주주의가 있어야 해.
(66쪽, 18장, 19장)
하지만 반드시
기본 원리에 충실해야 해.
그렇지 않다면 아무것도 할 수 없어.
(152쪽)

이런 식으로 이렇게 많은 이야기가 있는 거지.

당연히 보통 씨는
수학과 과학과 예술에서
이런 식으로 명심해야 할 내용을
더 많이 찾을 수 있겠지.
왜냐하면 이 책은

이런 관점을 보여주는

약간의 예만 실었고

그런 예들을 가지고

기술이 아니라

(이 책은 기술을 그저 부수적으로만 다루었어)

일반적으로 사람이 무언가를

성취할 때 필요한 방법을 고민해보았기 때문이지.

여기서 배운 생각하는 방식은

다른 분야, 예를 들어 사회과학

같은 분야를 살펴볼 때도

똑같이 유용할 거야.

왜냐하면 분명히,

사람은, 창의성과 창조성이

뛰어나기 때문에

사회 문제가 자신을

집어삼키게

내버려 두지 않을 테니까.

하지만 스스로 문제를 풀 수는 없을 거야!

사람은 수학자로서

과학자로서

예술가로서

마음껏

상상할 수 있는

자유를 누려야 해.

그리고, 동시에

그 자유에는 한계가 있다는 사실도

명심해야 하는 거야.

이제 제발 다시

들어가는 글로
돌아가서
이 작은 책에서
읽은 내용을
곰곰이
생각하면서
다시 한 번 읽어줘.
이 책이 그런 개념들이
내포한 뜻이 무엇인지를
분명하게 깨닫는 데
도움이 된다는 거, 인정하지?

옮긴이의 글

이것은
자유시가 아니다.
역자 후기다.
수학을 좋아했지만
수학에게 철저하게
외면당한
한 일반인의
슬픈 자기 고백이다
— 시흥동 K씨

학창 시절은 벌써 오래전에 지나가버리고,
중고등학교 시절의 학과목 성적에 대한 진실은
아스라한 추억이 되어 버린 뒤에,
아줌마·아저씨들이 자녀 앞에서
학창 시절에 있었던 것으로 스스로 생각하는
자부심을 드러낼 때 소환하는 과목들이 있다.

나도 왕년에는, 이라고 시작하면서
소환하는 그 과목들은 그 면면이 다양해서,
어떨 때는 국어가, 어떨 때는 사회가,
어떨 때는 윤리가 무작위로 소환되고는 한다.

사실 학과목들은 거의 대부분 이런 추억몰이 현장에
별다른 차별 없이 올라온다.
상당히 어려웠을 것이 분명한 외국어 과목도
학창 시절이라는 이름을 달면
드물지 않게 등장한다.

하지만 웬만하면 입에 담지 않는
과목들이 있다(그렇다. 과목이 아니라 과목들이다).
바로 과학과 수학이다.
가끔 눈치 없이
'나는 과학과 수학을―잘했다, 가
아니라―좋아했다'라는
말을 하는 사람이 있으면 주변 사람들에게서
'저 사람 뭐니?' 하는 반응을
이끌어낼 때도 없잖아 있다.
그리고 왜 그런 반응을 보일 수밖에 없는지를
직접 말로 설명해주는 사람도 있다.
'네가, 정말로, 과학과 수학을 좋아할 정도로
머리가 똑똑했다는 말이야?'라고 말이다.

음, 사실 이런 이야기는 더 할 것도 없다.
전 세계적으로 수학(과 과학이지만,
과학은 이 책의 주제에서 벗어나니 일단
수학으로 한정해서 말하자면 수학)을 포기한 사람이
많다는 것도 잘 알려진 사실이고,
수학을 못했다는 것이
어느 정도는 자랑거리도 되는 것 같다고
한탄하는 수학 저자도 많다는 걸 생각해보면,
새삼 수학을 못한 사람이 많지만

수학은 사실 재미있는 과목이에요, 라고―
다른 곳도 아닌 역자 후기 원고에서―
목 놓아 외칠 이유는 없다.

그리고 말이 나와서 하는 말이지만
수학은 나에게도 재미있는 과목은 아니었다.
나는 수학에서 재미를 찾고 싶었고
수학과 잘 지내고 싶었지만,
수학은 기어이 나를 외면하고 나를 싫어했다.
수학에게 받았던 미움은 어느 정도 상처로 남아
지금도 가끔 고등학교로 돌아가
수학 시험을 앞두고 공부를 못해서
동동거리는 꿈을 꿀 정도이다.

나처럼 수학에게 버림을 받아
결국 상처 받기 싫어 미리 버려버리는
사람을 흔히 '수포자'라고 한다.
하지만 릴리언 R. 리버와
그레이 리버는 나 같은 사람에게
수포자라는 말을 쓰지 않는다.
두 사람은 나 같은 사람을 '일반인'이라고 부른다.
『길 위의 수학자』의 원제는
"The Education of T. C. Mits"이다.
직역하면
'거리에서 유명한 사람―평범한 보통 사람―가르치기'
정도가 될 것 같다.
그리고 책에는 "평범한 사람들아, 수학을 배우자!"라고
제목을 지어도 좋을 내용을 담았다.

다른 많은 출판 분야가 그렇지만,
수학책은 특히 어른 책과 아이 책이
분명하게 구별되는 경우가 많다.
아이들을 대상으로 한 책 가운데
유아를 대상으로 하는 수학책(숫자를 알려주거나
간단한 계산 문제를 다룬 산수 책이 아니라
정말 수학책)은 그다지 인기가 없고,
초등학교에 진학한 뒤부터는
학과 수업과 관련이 없는 수학책은
거의 거들떠보지도 않는다.
학교 진도를 따라잡고
수능 시험에 도움이 되는 책만이
어린이·청소년 독자의 선택을 받는다.

반면에 어른이 되면 수학책을
독서 목록에 집어넣는 사람은 거의 없으며,
어린 시절 수포자였던 자신을 쓸쓸하게 여겨
내심 언젠가는 수학을 조금 배워보자고
결심하고 있는 나 같은 일반 어른이 선택할 수 있는
수학책은 과거의, 그리고 현재의
'수포자'가 보기에는 너무나도 어렵다.
정말로 수학을 다룬 책은 상당히 어렵고,
읽을 만한 책은 수학책이라기보다는
수학에 관한 역사책에 가깝고.
결국 평범한 일반인은 몇 번 시도를 하다가
포기하는 것이 자연스럽게 되어버린
취미가 수학책 읽기이다.
수학책 읽기를 포기한 뒤에는
으레 이렇게 외쳐주면 된다.

사실 사는 데 수학이 무슨 필요가 있어.
수학 못해도 다들 잘만 사는데.
그렇다. 수학을 못해도 사는 데는 전혀 지장이 없다.
수학을 공부하면 사고력이 향상되어 좀 더
논리적으로 생각할 수 있고,
하다못해 물건을 구입할 때도 합리적으로
소비할 수 있는 능력이 생긴다, 라고
수학 전문가가 조언을 해주어도,
조금 비논리적으로 생각해도 사는 데는
전혀 지장이 없다고 생각하면 그뿐이고,
사실 정말로 지장이 없기도 하다.

하지만! 이런 저런 모든 이유를 떠나서
이 세상에는 예전에 못했으니,
언제라도 다시 수학을 공부하고 싶은
나 같은 사람도 있지 않을까?
이 책은 그런 사람들이 다시
수학을 시작할 수 있는 훌륭한 길잡이가
되어줄 것이라고 믿는다(역자 후기를
무슨 책 홍보처럼 쓰고 있는 건 나도 난감하다.
하지만, 스스로를 수포자 운운할 수밖에 없는 나로서는
수학을 수학적으로 설명해줄 능력이 없으며,
이 책을 읽고 감명을 받은 첫 번째 독자로서
솔직한 감상평을 실을 수밖에 없는 상황을
이해해주었으면 한다).

그런데 고백하지만,
나는 사실 수포자는 아니었다.
또다시 말하지만 수학이 나를 포기했을 뿐이다.

지금도 언젠가는 수학을 진지하게
공부해보고 싶다는 소망을 품고 사는,
사실은 드물지 않을 나 같은 사람이
읽어보면 좋을 책이
『길 위의 수학자』가 아닐까 싶다.
아직 수학을 포기하지 않은 어린 학생들도
수학 입문서로 택하면 좋은 책이기도 하고.

왜냐고?
『길 위의 수학자』는 기본적으로
수학을 활용해 사고하는 방법을 알려주는 책이니까.
『길 위의 수학자』는 묵직하지 않고 재미있다.
그렇다고 가볍지는 않고 진지하다.
계산 문제도 나오지만
어려운 방정식을 기억하지 않아도
충분히 누구나 고민해볼 수 있는 문제를 제시한다.
그러면서도 사람의 사고력과 가치관과 의식에
영향을 미치는 다양한 주제를 다룬다.
물론 70여 년 전에 군인들에게 수학의 본질을 알려주고
군인으로서 지녀야 할 중요한 가치관을 알려주려고
쓴 책이기 때문에 현대인의 관점에서 보거나
저자들과는 다른 정치 관점을 가진 사람으로서는
쉽게 받아들이기 힘든 부분도 있다.
전쟁 무기를 만드는 과학자들에게
당위성을 부여하는 저자의 태도도,
정치에 대한 단정적인 발언도
분명히 생각해볼 부분이 있을 것이다.

하지만 수학은 다르다.

어려울 수도 있는 수학 내용을
누구나 이해할 수 있게 설명해주는
저자들의 능력은 정말 탁월하다.
수학자에게는 자명하지만
우리 일반인은 잘 모르는 사실을
가르쳐주는 지식도 유용하다(기하학이 그림을
이용하지 않는 학문이라는 거, 알고 있었나?
기하학은 기본 명제를 논리로 추론하고
공리를 이끌어내는 학문이라고 한다. 그러니까
우리가 사고하는 방식과 정확하게
같은 방식으로 작동하는 학문인 거다!).

더구나 책을 하나 가득 메우고 있는
단순하지만 기발하고 귀여운 그림들은
번역하는 내내 이리저리 뒤적이면서
웃을 수 있었던 활력소였다.
추상적인 그 그림들은
독서를 하는 동안 진지하게 고민해볼
철학적 함의를 담고 있을 것만 같다.
아직은 그 의미를 정확하게 이해하지 못했지만,
아이들과 남편과 함께 읽어보면서
그 의미를 찾아나가는 독서를 다시 한 번 하고 싶다.

번역하는 동안에도 즐거웠지만,
앞으로도 30여 년은 넘게 내 책장을 지켜줄 좋은 책을,
수학을 사랑하지만 수학이 외면한 사람에게 맡겨준
궁리출판사와 변효현 편집팀장께
고맙다는 말씀을 전하면서
역자 후기를 마친다.

기쁜 마음으로 풀어낸 것처럼
오류가 적은 번역이기를 바라본다.
그리고 처음부터 끝까지
징징거리기만 한 역자 후기까지 읽어준
부지런한 독자들에게도
더불어 고맙다는 말씀을 전한다!

2016년 7월
김소정

길 위의 수학자

1판 1쇄 펴냄 2016년 8월 17일
1판 16쇄 펴냄 2024년 2월 15일

글쓴이 릴리언 R. 리버
그린이 휴 그레이 리버
옮긴이 김소정

주간 김현숙 | **편집** 김주희, 이나연
디자인 이현정, 전미혜
마케팅 백국현(제작), 문윤기 | **관리** 오유나

펴낸곳 궁리출판 | **펴낸이** 이갑수

등록 1999년 3월 29일 제300-2004-162호
주소 10881 경기도 파주시 회동길 325-12
전화 031-955-9818 | **팩스** 031-955-9848
홈페이지 www.kungree.com
전자우편 kungree@kungree.com
페이스북 /kungreepress
트위터 @kungreepress
인스타그램 /kungree_press

ⓒ 궁리, 2016.

ISBN 978-89-5820-391-9 03410